经济管理学术文库·经济类

我国绵羊产业良种化运行机理研究
——以乌拉特中旗为例

Study on the Operation Mechanism of
Improved Breeding of Sheep Industry in China:
A Case Study of Urat Middle Banner

格根哈斯 莎琪日 斯琴塔娜 根 锁／著

U0226336

经济管理出版社
ECONOMY & MANAGEMENT PUBLISHING HOUSE

图书在版编目（CIP）数据

我国绵羊产业良种化运行机理研究：以乌拉特中旗为例/格根哈斯等著．—北京：经济管理出版社，2022.4
ISBN 978-7-5096-8388-0

Ⅰ．①我…　Ⅱ．①格…　Ⅲ．①绵羊—良种繁育—研究　Ⅳ．①S826.93

中国版本图书馆 CIP 数据核字（2022）第 061768 号

组稿编辑：曹　靖
责任编辑：郭　飞
责任印制：黄章平
责任校对：蔡晓臻

出版发行：经济管理出版社
　　　　　（北京市海淀区北蜂窝 8 号中雅大厦 A 座 11 层　100038）
网　　址：www.E-mp.com.cn
电　　话：（010）51915602
印　　刷：北京虎彩文化传播有限公司
经　　销：新华书店
开　　本：720mm×1000mm/16
印　　张：10.75
字　　数：120 千字
版　　次：2022 年 5 月第 1 版　　2022 年 5 月第 1 次印刷
书　　号：ISBN 978-7-5096-8388-0
定　　价：88.00 元

前　言

绵羊是我国畜牧业主要畜种之一，内蒙古自治区的绵羊养殖数量和绵羊肉毛产量都比较多，绵羊养殖就是内蒙古农牧民的主要收入来源之一。

2019年7月，习近平总书记考察内蒙古时，就推动内蒙古农牧业高质量发展作出重要指示，明确要求贯彻落实党中央关于"三农"工作方针政策，推动农牧业发展向优质高效转型。以习近平新时代中国特色社会主义思想为指导，深入贯彻习近平总书记关于内蒙古工作重要讲话重要指示精神，牢固树立新发展理念，坚持农牧业农村牧区优先发展总方针，不断深化农牧业结构性改革，推进绿色兴农兴牧、质量强农强牧、品牌富农富牧，构建现代农牧业产业体系、生产体系、经营体系，推动农牧业发展质量变革、效率变革、动力变革，努力走出一条以生态优先、绿色发展为导向的农牧业高质量发展新路子。

其任务之一是推动畜牧业提质增效。发挥农牧结合的优势，大力发展牛羊标准化规模养殖，保障肉类供应。严格执行基本草原保护、禁牧休牧和草畜平衡制度，建立和完善草原生态补偿长效机制。

提升农畜产品质量，对畜牧业生产、加工等环节提出了更高的要求。良种是绵羊产业中的重要投入要素之一，绵羊育种繁育作为生产环节当中的第一步，对整个生产有着较大的影响。目前关于良种化运行机制的相关研究较少，而自实施"草畜平衡"政策以来，如何提升绵羊经营主体的良种化水平，以此提高畜产品质量及经济效益等已成为亟待解决的课题，因此，本书以良种化作为切入点对内蒙古乌拉特中旗良种化运行机制进行了研究。

本书运用历史文献梳理及田野调研等方法对家畜改良站等行政事业机构、公司、合作社和农户等就绵羊育种繁育的行为、政策和良种化运行机制三个方面进行了剖析，发现乌拉特中旗目前绵羊良种化运行机制不完善，种公羊供方与中间环节及种畜需求方等利益主体之间在良种化过程中存在着许多亟待解决的问题，在诸多因素的复合影响下导致良种化进程缓慢甚至出现了退化现象。本书根据乌拉特中旗良种化运行机制中存在的问题，通过分析得出以下结论：缺乏有效的组织管理；农户用种行为和观念缺乏科学性；信息获取渠道单一；供种结构和供需不平衡；良种扩散模式不稳定。并针对以上问题提出了加强组织管理；定期开展培训，增加培训机会；拓宽信息获取渠道；增强供种能力和发展供种机构多样化，加大补贴力度；加强协调各利益主体协作等建议。

目　录

1 绪论

1.1 研究背景

高质量发展是在 2017 年中国共产党第十九次全国代表大会上首次提出的，表明中国经济由高速增长阶段转向高质量发展阶段。党的十九大报告中提出的"建立健全绿色低碳循环发展的经济体系"为新时代下经济高质量发展指明了方向。党的十九届五中全会提出，"十四五"时期经济社会发展要以推动高质量发展为主题，这是根据我国发展阶段、发展环境、发展条件变化作出的科学判断。我们要以习近平新时代中国特色社会主义思想为指导，坚定不移贯彻新发展理念，以深化供给侧结构性改革为主线，坚持质量第一、效益优先，切实转变发展方式，推动质量变革、效率变革、动力变革，使发展成果更好惠及全体人民，不断实现人民对美好生活的向往。

在我国经济转向绿色高质量发展的新阶段。内蒙古作为祖国北方重要的生态安全屏障，必须坚定不移地走生态优先、绿色发展之路。目前，内蒙古已经发展成为国家重要的牛羊肉生产基地，作为支柱产业的羊肉产业目前还存在大而不强、资源分散、标准化生产程度较低、缺乏有效的组织管理；农户用种行为和观念缺乏科学性；信息获取渠道单一；供种结构和供需不平衡；良种扩散模式不稳定；经济组织较少，绿色高质量发展所需要的政策性支持和保障不足；市场不规范、高质量绿色牛羊肉产品产量较低；能够真正充当市场主体的龙头企业数量不多、规模不大、带动力不强等问题，制约了牛羊肉产业的绿色高质量发展。

因此，要立足资源条件和产业基础，优化牛羊肉产业布局，强化标准化体系建设，加强组织管理；定期开展培训，增加培训机会；拓宽信息获取渠道；增强供种能力和发展供种机构多样化，加大补贴力度；加强协调各利益主体协作；构建科学的相关政策支持体系。通过推动牛羊肉产业结构性改革，增加优质牛羊肉的供给，促进牛羊肉产业走绿色、高质量发展的新路子。

2019年3月，习近平总书记在参加十三届全国人大二次会议内蒙古代表团审议时指出，内蒙古要着力走出一条符合战略定位、体现内蒙古自身特色的绿色高质量发展新路子；2019年7月，习近平总书记在考察内蒙古时再次强调，要把内蒙古打造成祖国北方的重要生态安全屏障，坚定不移地走好生态优先、绿色发展之路。习近平总书记的这些重要论述是指导内蒙古走好符合战略定位、符合内蒙古区情的绿色高质量发展新路子的行动纲领。

在我国经济转向高质量发展的新阶段，根据内蒙古自治区的自然资源承载能力和绵羊产业的发展潜力，加快推进绵羊产业走绿色高质量发展的新路子，对于贯彻落实习近平总书记重要讲话精神、保障消费者舌尖上的安全、促进农牧民增收、推动内蒙古经济绿色高质量发展都具有重要意义。

绵羊是我国畜牧业主要畜种之一，内蒙古自治区的绵羊养殖数量和绵羊肉毛产量都比较多，绵羊养殖就是内蒙古农民的主要收入来源之一。自中华人民共和国成立以来，我国绵羊业总共经历了三个阶段，20世纪五六十年代以产毛为主，七八十年代肉毛兼产，九十年代以后随着人们生活水平的提高，日常生活中人们更加注重饮食均衡和营养需求，这使绵羊产业转变为以产肉为主，对绵羊养殖有了推动作用（张冀汉，2003）。如此一来，羊肉价格随着羊肉需求日益提高，农民也为了获得更多的收入扩大养殖数量。然而载畜量的增加造成草原生态环境破坏日益突出。为了保护生态，国家陆续实施了"草畜平衡"政策和禁牧政策，迫使农户以其草场面积及产草量为决定饲养牲畜数量，却因为受到养殖数量减少、各类自然灾害频发和疫病防治不到位以及市场价格多变的影响，使农民收入也不稳定。目前我国畜牧业正处于向现代畜牧业转型阶段，在不增加养殖数量的前提下，必须要增加产品产量并提升产品质量。

中华人民共和国成立以来，我国畜牧业取得了长足的发展，一方面，养殖数量的增加保障了产品的有效供给，解决了吃肉难的问题并改善了城乡居民的膳食结构；另一方面，带动了相关产业的发展，例如良种繁育、饲料加工、兽药生产、养殖设施建设和产品加工、储运物流等产业（赵楠，2012）。其中，良种繁育产业作为养殖产业链中产前的第一环节，对后续几大环节有着重要的影响，好的品种既可以增加产品的数量又能提升产品质量，从而保障产品安全供给。而品种作为先导和基础与其他生产资源相比对畜牧业生产有着较高的贡献，是畜牧业高质量发展的关键。经过多年的努力，我国品种选育工作已初步形成了育种、扩繁、推广、应用相配套的良种繁育体系，遗传改良相关法律法规在不断完善、监测能力不断提升，种畜质量明显提高，遗传改良工作的有效推进为畜牧业健康发展奠定了基础。

纵观我国畜种业发展历程，主要分为四个阶段：1978～1984 年为快速增长期。1979 年 9 月通过的《中共中央关于加快农业发展若干问题的决定》，对畜牧业发展政策做出重大调整，农业部着重加强半细毛羊的改良繁育，引进美利奴绵羊广泛开展畜杂交改良工作，打开了畜牧业发展的第一阶段。1985～1996 年为持续发展期。这期间初步建立畜良种繁育体系，深入开展"引、繁、扩、推、改、育"工作，相继建立了一定规模的育种中心、种畜场、扩繁场、品种改良站（点）以及推广服务机构。重点开展优良种羊杂交，改良低产粗毛羊，羊毛品质和羊肉产量都得到改善和提高。1997～2006 年为结构调整优化期。这期间畜种业发展开始由数量增长型逐步向质量效益型转变。1998 年农业部颁布实施了《种畜禽管理实施细则》，提高了种畜禽质量，对该行业进行了有效的管理。2007 年后进入转型提升期。进一步明确遗传改良方向，加大扶持力度，支持联合育种，逐步形成以自我开发为主的育种机制。但目前我国"畜禽种业"发展还面临着一些问题，如过分依赖国外品种、育种方式落后、良种繁育体系尚不完善、疫病防治不到位、对本土畜禽资源保护选育与开发力度不够以及当前畜禽种业发展机制不健全等。

1.2 文献综述

现有绵羊方面的研究比较全面，研究对象涵盖了畜产品（肉和绵羊毛）、饲料、种公羊、种羊场、绵羊改良、杂交改良、成本收益以及整个绵羊产业。在"中国知网"以良种繁育为关键词搜索发现，在目前以良种繁育为主的研究中，国内的学者主要倾向于农业方面，以农作物、蔬菜为研究对象的文献居多，还有林业方面也不少。而在针对畜禽业的良种繁育体系的研究中，动物繁育的相关研究比起作物育种相对较少。目前国内外学者对于绵羊良种繁育的研究成果主要有以下成果。

1.2.1 家畜品种优势对于畜牧业发展的意义

家畜品种培育是畜牧产业发展的先导和基础，也是提高畜牧业科技贡献率的体现，畜牧业增长的每一次突破和跨越都是以良种革命为先导，显然品种是畜牧业发展的首要关键因素。F. Anderson、D. W. Pethick、G. E. Gardner（2016）通过研究发现肉羊遗传因素相比于环境等因素对肉羊生长发育的影响较大。联合国粮农组织和发达国家对畜牧业生产进行科学评估后指出，品种对整个畜牧产业有35%~65%的贡献率，平均值为40%。1996 年，美国农业部（US-DA）总结本国近 50 年来畜牧生产中各个科学技术的贡献率时发现，品种改良的作用居各项技术之首，占 40%，远高于营养饲料、疾病防控和繁殖行列，这三个技术的贡献率分别为 20%、15%，10%（Parker C. F.，Pope A. L.，1983）。这是畜牧业发达国家向遗传育种事业巨额投入的主要原因，由于持续不断的遗传改良和其他技术的应用，发达国家在牲畜饲养数量不增加甚至减少的情况下，实现了畜产品产量的稳步增长（李滋睿，2005）。这是家畜品种改良带来的效益，也是发达国家畜牧业产业化高度发展的体现。荣威恒（2014）认为，种羊产业的发展可以从侧面反映出一个国家的养羊业科技水平，同时也关系着一个国家养羊业的全面发展水平。在整个肉羊产业链中，品种被作为一种投入性的生产资料。对于品种的重要性，国内学者持有同样的观点，品种对于整个产业链起着至关重要的作用，一个优良品种对产品的产量、质量和生态环境都有着深远的影响。

（1）优良品种可以增加养殖效益。

韩冬、张凯、丁月华（2009）认为，影响畜牧业总产值的重要因素是单位产值，畜牧业发达国家的经历证明扩大内涵再生产发展的前提是大幅提高单产。优良品种是畜牧业高科技生产技术的有效载体，在良种畜群和科学饲养管理的紧密结合之下才能保障畜牧生产效率和效益提高。朱贵等（2001）认为，优化畜群的品种结构，狠抓品种改良，在提高优良品种的前提条件下才能生产高档次的产品、获得高效益、占领市场、加快畜牧业的发展脚步。提高养殖效益最直接的表现方式就是畜产品产量和质量的提高。张贺春等（2019）认为，当前我国肉羊产业存在生产效率低和交易成本高的问题。因为我国畜产品市场仅满足消费者"量"的需求，没有明显的市场细分，也没有做到优质优价，如"什么品种的羊肉，它适宜生产为什么产品"等，但是今后的市场一定会越来越细化，对于品种的需求也会随之提升。他提倡采用工业化养羊来增加生产效率。工业化养羊就是放大羊的经济价值，包括种用价值，弱化它的生命价值，将肉羊的整个生产过程比作一个企业内部的运转，以管理企业的方式管理整个肉羊生产链。贾志海、郭宝林（2003）认为，优良品种可以决定家畜饲料转化率，利用高产且肉质好的品种是实现现代畜牧业的基本条件，一味地依靠多饲养和高出栏，这种模式的养殖效益无法长期保持。刘晶玉、赵丁丁（2019）指出，品种选择是提高生产的内在原因，从产品质量来看，要想生产出品种更好的肉质、卖更高的价格就要选择好的品种。从产量来看，想要实现产量多且效益高的目的，首要选择就是高生产性能的品种。

优良品种不仅会对羊肉产业有影响作用，对羊毛产业也有正向影响。20世纪90年代后，随着人们对羊肉的消费需求增加，带动了羊肉价格的大幅上涨，因此育种工作的重点转移到肉用型，改良方向变成"肉主毛从"。郭丽楠、田志宏（2013）指出，"毛肉价格比"的变化会直接影响牧民对羊毛生产的关注。羊毛价格的下跌让养殖人员更注重羊肉产量，我国作为全世界绵羊养殖数量最多的国家，同时也是羊毛进口大国，每年都需要进口大量羊毛，可见国内的羊毛需求量很大，但国内的羊毛生产现状是羊毛总产量在增加，而单产量并没有提高很多。另外，当前我国生产的羊毛无法满足对品质要求越来越高的市场需求。徐佳、肖海峰（2018）对比中国与澳大利亚的羊毛生产成本收益发现，我国的养殖成本、收益和成本利润率均低于澳大利亚，他们认为，影响养殖成本的因素有很多方面，良种化为一部分原因，受到价格的约束，我国部分地区出现了"品种倒改"和退化的情况，这种行为大大影响了良种化的进程，良种化程度的差别进而造成"国毛"和"澳毛"之间的收益差距。耿仲钟、肖海峰（2017）将我国羊毛产业与另一个羊毛生产强国——新西兰进行分析比较，主要对比分析中国—新西兰自由贸易区建立前后羊毛贸易特征的变化，结果发现我国羊毛产业有了很大的发展，羊毛的进出口量均有所增加。但新西兰的羊毛对比我国羊毛仍旧存在比较优势，虽然自贸区建立之后这种优势被弱化了，但是差距仍旧存在。除了需要改善机制，也需要提高对于品种的关注度，保护优良品种，重视细毛羊品种的选育工作，促进羊毛产业可持续发展，提高羊毛质量，迎合市场要求。

（2）优良品种与草原生态有着相互作用。

查阅"草畜平衡"以及禁牧政策相关的文献，发现结论一致认为载畜量过度是造成草原退化的主要原因，适度放牧和维持"草畜平衡"是必需的，但由于我国畜牧业还未完全形成现代化、产业化养殖，养殖数量的减少必然会对农民收入造成冲击，李金亚（2014）认为，在草原资源环境的约束下，如果畜牧业要走可持续发展道路，就需要扩张肉羊生产的可能性曲线，提高限制性资源的单产量，而品种改良是提高畜牧业生产率的先决条件。必须要加快草原畜牧业良种化进程，提高绵羊单位放牧活动价值，减少放牧肉羊数量和对草原的压力，实现草原保护性利用。赵印、杜立新、刘强德（2018）总结多次赴外考察的调研后解析澳大利亚、新西兰、南非以及英国等国家综合生产效率的提高都是在提升草场资源和生态环境的基础上进行的，降低家畜饲养数量的同时努力提高单产，依靠加强家畜良种化程度来推动产业发展。

畜产品单位产量的增加对草原起到减负作用，反过来看优质的草原环境对养殖也有着促进作用。赵印、杜立新、刘强德（2018）在访问英国的牧场后发现，走访交流的牧场主都非常重视草场资源，认为使用再优良的家畜品种也需要在草场资源优质的条件下才能充分发挥其品种性能。

1.2.2 建立良种繁育组织促进畜牧业发展

国内学者普遍认为良种化是畜牧业发展必不可少的先决条件，

对于如何良种化主要有以下观点：第一种观点是充分利用进口品种，通过杂交改良等一系列方法尽其所能地发挥该品种的性能。第二种观点是更加重视本地品种的选育，优中选优，提升本地品种的性能。第三种观点中和了前两种观点，介于两者之间，要合理利用外来品种，但不能一味地依靠国外的优良品种。

李群（2003）在整理历年畜牧史后指出，我国的绵羊品种引入始于1892年，当时引入6只"美利奴羊"用于杂交改良，这是我国近代绵羊育种最早的尝试。之后陆续从国外引入纯种绵羊进行绵羊良种化工作，当时的绵羊改良已取得了一定的成功，直到战争爆发，这一系列工作被迫终止，1949年后又重新实施这一工作。

马成山（2007），韩冬、张凯、丁月华（2009），王洪煜、宋晓丽、张复宏等（2017）一致认为，要实现畜牧业现代化和增加牧业收入，就要养高生产性能的优良种。而我国缺少高生产性能的畜种，目前行之有效的方法是引进具有优良生产性能的种畜。优良品种是畜牧业科技生产技术的有效载体，对于如何提高畜牧生产效率和效益，科学饲养和科学技术缺一不可，但这些都依托于良种畜群。优良的品种可以实现高档次的畜产品生产、获得高效益以及占领大市场等。因为优良品种具有生长速度快、饲料报酬高、销售快的优点。朱贵等（2001）计算出在同等饲养条件下，一只改良肉羊比本地绵羊多产肉6千克以上，可增加收入72元。王洪煜、宋晓丽、张复宏等（2017）指出，虽然中国肉羊品种较多，但缺点也很明显，无法获得利润，应该从改善肉羊品种、引进良种角度着手改善做法。卢全晟、张晓莉（2018）发现，美国、澳大利亚、新西兰肉羊产业走规模化发展之路，而英国的肉羊产业是实施适度规模经营，虽然发展模式不同，但这些国家有一个值得借鉴的共同点就是加强研发和国外引进家畜优良品种，提高肉羊良种率。

浦亚斌等（2003）指出我国绵羊生产水平与国际水平之间存在巨大差距，国内肉用绵羊2002年平均胴体体重为14.5千克，国际平均胴体体重为15.5千克，美国为30.2千克，英国为19.6千克，澳大利亚为19.8千克。在同等饲养管理条件下，杂种绵羊的经济效益要高于纯种绵羊，这也是许多养羊业发达的国家都非常重视品种更新的原因。提高绵羊个体产量对于获得更多的收益有着直接关系，通过培育新品种能够提升品种的生产性能，让其更加符合肉羊高效生产的要求。秦璇（2016）用"杜泊羊"和"萨福克"品种做父本、"小尾寒羊"做母本进行了杂交改良，结果表明经过杂交改良的肉羊在相同饲养条件下体重增加更为明显，可获得更高的经济效益。

赵永聚（2004）、Muhammad，Andrew，Jones，Keithly G.，Hamn，William F.（2007）也认为，应该加大改良力度，因为美国、英国、新西兰、澳大利亚和阿根廷等国家都将经济杂交视为生产羔羊肉的主要手段。美国农业部专家估计20世纪70年代羔羊肉增加30%～60%的收入是因为经济杂交。景照明等（2017）根据实验观察，杂种后代的确优势明显，适应性强、耐粗饲、抗病力强，但有一点需要注意，在较高的营养水平和精细化管理条件下这些优秀的特性才能完全展现出来。

与上述观点略有不同，下列学者不否认引进外来品种杂交改良的优点，但本地品种也有非常好的特性。赵倩君、马月辉（2013）认为，我国地方绵羊品种资源丰富而且大多具有适应性强、繁殖力强、肉质鲜美等优良种质特性。近年来，由于外来品种的引入及高产品种培育热潮和社会经济生产的变革等因素的作用，造成一部分本地品种的数量急剧下降，个别本地品种已经濒危。因此，应该加强资源收集与保护，实现资源安全、有效、立体式地长期进行保存。马友记（2013）提出，与其他国家不同的是我国人口众多，每年巨大的羊肉消费需求，一味地通过引入国外品种来杂交改良本地品种提高产量的做法并不现实。由于引种热，部分地区的本地品种出现"只繁不育"的局面，反而慢慢失去了其竞争优势。而且培育出一个符合我国养殖环境的家畜品种需要长时间的努力，因此，非常需要开发利用本地品种。赵德良（2014）也指出我国品种资源丰富，甚至有很多是世界级稀有珍贵品种。近年来，由于保护措施不当、开发技术落后等多种自然原因和人为因素的影响，本地品种绵羊数量日益减少甚至消失。因此，需要加强本地品种选育，建立地方绵羊遗传资源的保护体系。要利用国产资源进行改良绵羊，方治华（2016）、王先译（2016）、乌英才其克（2017）认为，应加强对遗传资源的开发利用。

对于杂交改良和本地品种的保护选育都是发展我国畜牧业必须要进行的工作，杂交改良可大幅提升绵羊生产性能，但需要注意的是，如果利用不当就会陷入"引入—培育—退化"的恶性循环。而部分本地品种经过当地长时间选育和历史选择保留下来，最适合当地气候环境与养殖条件。海龙（2019），陈晓勇、郭伟涛（2014）认为，发展肉羊的目标应该是在保持本地羊性能的基础上改善其原有性能。需要不断地对本地优良品种进行选育，否则品种特性会逐渐减弱。一味地杂交乱改会导致优秀独特的遗传资源丢失，但并不是全盘否定杂交改良，而是要注意在杂交利用时需做到多方权衡，不要盲目地进行杂交改良，注意保护和利用并重。贾志海、郭宝林（2003）同意优良品种的培育是肉羊产业化中的关键之一。在制定育种规划和确立育种目标时，除了考虑其经济效益之外更重要的是因地制宜，因需制宜。

1.2.3 畜牧科技的发展对良种繁育起到推动作用

现代动物遗传育种理论和现代生物学为育种提供了许多有用的新技术和新方法，这些是成功育种的保证。随着生物技术的兴起，新技术和新方法越来越多地被应用到种业。李家洋院士介绍，目前我国陆续推出了关于生物育种产业发展的政策，为种业发展创造了良好的政策环境，生物育种也被列入《国家战略性新兴产业发展"十二五"规划》，建议国家启动以育种技术创新为目标的"国家动物育种技术创新体系"。龚章、胡开良、吕慎金（2017）认为，正确地运用动物遗传育种技术可以提升羊的抗病性、提高羔羊存活率、增加经济效益、改善羊的健康和福利。张云生等（2017）研究提出品种改良技术是保障羊毛质量稳定与提升的重要基础。许荣、肖海峰（2019）分析繁育类技术（包括品种改良技术）的采用对细毛羊生产技术效率的影响，该文章中的繁育类技术是指从羊群中选择出符合人们要求的优良个体进行繁育，使绵羊遗传结构朝着改善绵羊性能方向变化，从而可以提高畜产品产出率，最终提高细毛羊的生产技术效率。研究发现繁育类技术的采用可以对畜牧业生产效率产生改善作用，但因为投入不足所以其贡献还不足，需要加强。段心明（2019）认为，科学技术的实践应用是提高生产效益、减少成本的关键，例如繁育类技术中比较普遍运用的人工授精。段心明（2019）和王云峰（2017）都认为，人工授精的优点在于它能够提高种公羊的利用率、加速改良的进程、防止疾病的传播。生物技术能够促进家畜育种的飞跃式发展，但在育种工作中使用生物技术时需要不断地完善它们在具体育种工作中的应用，建议以传统杂交育种为主、现代分子育种为辅，加快形成育种关键技术体系。除了生物技术以外大数据等信息技术的运用也在育种工作中发挥着重要作用。高腾云、宋洛文（2005）认为，可以建立一个育种信息资源数据库，通过该数据库各地可实时交流已有成果，实现主要肉羊育种场间联合育种的体系。郭立宏、丁昕颖、周景明（2012）建议，可以利用网络共享信息资源、交换遗传资料来不断提高种羊质量和品系育种效果。还可以建立一个针对种羊的遗传评估系统，通过该系统评估优良品种，加快育种工作的进展，如此一来育种效果可提高 20%～30%。

1.2.4 良好的运行机制保障良种繁育的顺利进行

耿宁、李秉龙、王士权（2014）认为，良种培育的运行机制中有多个利益主体，培育结果由这些相关利益主体的多目标行为决策整合而成，这是一个需要长期进行的工程并且受市场需求、技术、政策、资金以及资源等因素的约束，不是单方面因素可以决定的，需要多方利益主体长期协作。他们总结出目前我国肉羊育种组织模式有政府主导型、企业主导型和科研单位主导型三种。现有运行机制的作用路径分别是："政府+科研单位+种羊场""龙头企业+政府+科研院所""龙头企业+育种协会+农户""科研单位+种羊场"等。

通过对比上述育种运行组织机制分析得出"龙头企业+政府+科研院所"是一种较为稳定、可持续的发展形式。

部分学者认为，良种化繁育体系的不完善和不健全是影响育种运行机制的一大原因。刘改利（2016）提到在新市场环境下完善运行管理机制可以促进种业的全面发展。种业的核心竞争力要在运行过程中才能完全得以体现，因此要提高种业的综合发展水平，为其提供良好的发展环境。韩丽敏、李军、潘丽莎（2018）通过477家养羊场（户）的问卷调查数据分析得出，我国目前整体良种化水平偏低，肉羊产业的生产效率还有很大的提升空间，与建议完善的良种繁育体系还有较远距离。而养羊场（户）采取育种技术的意愿受到采纳技术满意程度、新技术潜在风险、新技术实施便捷性以及成本等多种因素的影响，建议政府要积极协调和引导种业产业主体之间的关系。韩秀珍（2013）认为，我国目前的杂交组合尚不稳定，容易退化，而多元杂交比例又相对较少，导致肉羊生产的良种化程度普遍较低。要加强良种繁育体系建设方面的工作，积极探索企事业单位和科研院所相结合的育种新机制。对于我国良种繁育体系如何建设，刘芳等（2012）建议，首先要建立畜禽良种繁育体系的资金投入机制，其次要建立质量监督和管理运行机制，最后需要建立保护和培育机制。张勇（2018）以乌兰察布市的牧区肉羊养殖模式为研究对象，提出当地的肉羊养殖是以育种龙头企业与肉羊养殖专业户共同成立的合作社合作，采用"公司+合作社+牧民"的形式，这种运行机制能够极大地提高当地肉羊产业整体发展水平。耿宁、李秉龙、乔娟（2015）分析国外畜禽种业发展的运行机理，发现畜牧业发达国家的育种模式中育种主体不是仅局限于政府和龙头企业，而是参与主体多样。他们十分重视技术在良种化过程中的作用，国外产学研合作机制和联合育种非常成熟，并且种业产业化程度高。李冉（2014）对国外畜禽良种繁育发展经验进行了总结，发现国外畜禽良种有一套完善的制度标准体系来整合现有资源，对资源进行联合育种、对良种培育、培育后的推广以及技术推广投入大量资金，并与科研机构、高校建立了密切的产学研合作关系。不仅限于此，国外畜禽良种还建立了全面的服务体系。李延山（2006）指出，韩国、加拿大等国家都对家畜改良和人工授精有着严格的管制，从登记到审批都有严格的制度。在服务组织方面，卢全晟、张晓莉（2018）指出，美国、英国、澳大利亚和新西兰等畜牧强国不仅有运行良好的育种机制和严格的管制制度，还有全面的服务体系，以新西兰为例，几乎每一个品种都有其协会，为农户提供品种信息和技术信息以及市场信息，还会定期召开培训。介于农户和市场之间的合作社会发挥作用尽可能弱化中间的矛盾。这些组合在一起形成了非常完善的育种运行机制。马友记（2013）强调，要加强统筹协调育种工作，成立全国羊育种协作组，详细制订并实施全国范围的羊种质资源利用方案和遗传改良计划，根据各地实际情况指导育种工作。由于动物育种周期长、转缓慢，建议建立多层次长效育种投入机制，因地制宜地制定长远规划，在不同区域形成联合育种队伍。北京市科学技术委员会主任闫傲霜表示，目前我国还没有建立起一个商业化的种业发展体制机制，要注意加强政府引导和机制上的创新，调动各参与主体积极投入，集中要素、科学布局，从良种创制、成果托管、技术交易、良种产业化四大环节进行改革创新，探索新型种业体系建设路径（王晓樱、魏月蘅，2012）。

1.2.5 畜牧业高质量发展中良种繁育的重要性

有学者向以 33 个牧业旗（县）为代表的内蒙古牧区畜牧业发展提出了注重产业化经营、注重规划专业化生产布局、注重草原畜牧业生产方式转变、注重良种繁育体系建设、注重调整畜群结构及繁育方式等建议。苏磊等（2021）在畜牧业高质量发展的探析中提出，现代标准化养殖体系是养殖业提质增效的前提，是补齐高质量发展短板的重要举措。一是要抓好良种繁育推广工作。良种是畜牧业高质量发展的"芯片"，西部牧业旗要立足地方良种"芯片"，其他地区要结合地方产业发展规划，利用好草牧场资源和水浇地资源优势，因地制宜大力推动畜牧良种化水平。以羊绒羊毛产业高质量发展项目为契机，抓好白绒山羊、细毛羊选育工作，形成"原种场—扩繁场—养殖户"良种繁育推广体系，主推人工授精、胚胎移植、高繁高产等适用技术，提高地方良种覆盖面。二是要抓好专业社会化服务组织培育工作。加快培育各类新型社会化服务组织，支持其与龙头企业、农牧民合作社、家庭农牧场、养殖大户、农牧户开展多种形式的合作，有效促进各种现代畜牧业生产要素注入标准化、现代化的生产中，按照"主体多元、形式多样、服务专业"的原则等提出建议。苏红梅、刘俊华（2020）在内蒙古牛羊肉产业绿色高质量发展路径探析研究中，提出将西部农区逐步培育形成以包头、鄂尔多斯、巴彦淖尔等地区为主的牛羊肉产业群，借助西部农区沿黄河经济带深厚的文化底蕴、山水林田湖草沙等各种自然资源优势，开发集种植养殖、加工销售、餐饮住宿、休闲娱乐于一体的旅游观光综合基地项目，促进牛羊肉一二三产业融合发展，打造

"家庭牧场+旅游"的新农村、新牧区建设示范点。引导扶持一家一户的粗放式养殖模式向生态家庭牧场、养殖专业合作社等高效、标准、集约化的养殖模式转变，以草定畜、草畜动态平衡，推进良种繁育，加快畜群周转，降低天然草地利用强度，改善草地生态环境，科学利用草地资源，实现生产与生态协同发展。

1.3 研究意义

1.3.1 理论意义

良种繁育作为绵羊生产链中的第一环节，从经济效益方面来看，对于绵羊性能提升以及生产率提高有着重要意义；从产品升级、生产绿色产品方面来看，对于生产高品质的产品有着促进作用。从产业组织模式的角度分析良种繁育体系的组织模式，分析政府部门（改良站）、种羊场、合作社、育种企业以及客户（农民）等利益主体在良种繁育组织中的行为，这也在现有研究中并不多见，可以丰富有关产业组织理论的研究内容。

1.3.2 现实意义

第一，为绵羊产业的发展提供可借鉴思路。良种繁育对于未来的绵羊产业发展仍旧是需要重点关注的方向，除了要求品种培育和本地品种保护等意识提升以及提高良种繁育技术之外，对于育种的组织化、产业化更是良种繁育工作得以有效推进的有力保障和实现畜牧业现代化的有效途径。

第二，有助于农牧民在产业化发展过程中为决策机制提供决策参考。组织化、产业化的良种繁育体系对资源和环境较少负荷有着重要意义，良好的良种繁育体系可以促进畜牧业生产的发展。

第三，为内蒙古畜牧业高质量发展行动工作和政府决策提供决策参考。党的十九届五中全会提出，"十四五"时期经济社会发展要以推动高质量发展为主题，这是根据我国发展阶段、发展环境、发展条件变化作出的科学判断。在我国经济转向绿色高质量发展的新阶段，内蒙古作为祖国北方重要的生态安全屏障，必须要坚定不移地走生态优先、绿色发展之路。以草定畜、草畜动态平衡，推进良种繁育，加快畜群周转，降低天然草地利用强度，改善草地生态环境，科学利用草地资源，实现生产与生态协同发展，实现经济效益和社会效益、环境效益的统一，有利于可持续发展。

1.4　研究目的

本书以产业组织理论为支撑，通过文献梳理、实地访谈和问卷调查，分析以乌拉特中旗种业为主的各利益主体，包括政府、畜牧局、种羊场、农户，在良种运行机制中的行为选择，希望为优化产业组织模式和促进种业的机制完善提供参考的客观依据。

1.5 研究方法

（1）文献查阅法。

通过"中国知网"等查阅关于绵羊、种羊、良种、良种繁育、运行机制和组织管理的文献，包括图书、期刊、会议论文、博士论文、硕士论文和报纸文章，还有部分国外的文献，用于参考和借鉴。

（2）调查分析法。

实地走访乌拉特中旗的种羊场和临河的种羊公司，与乌拉特中旗畜牧局和改良站的相关人员进行访谈，还有临河畜牧局、杭后旗畜牧局。

（3）比较分析法。

通过统计描述来比较分析农区和牧区的种公羊选用和选择上的差异，研究乌拉特中旗的现有良种扩散模式的特点和差异。

（4）案例分析法。

通过实地访谈对种羊场具体育种情况进行收集，利用种羊场情况和农户的选择相结合来分析乌拉特中旗现良种化运行机制中存在的问题。

1.6　研究内容

本书主要的研究内容为乌拉特中旗良种繁育体系的运行机制，包括种公羊的繁育、牧户使用种公羊的认知与行为以及行政部门在此过程中起到的作用等。本书一共分为 6 章。

第 1 章为绪论，包含研究背景、研究意义、研究目的、研究方法、研究内容、国内外文献综述、技术路线、创新点和不足之处。

第 2 章为概念界定和理论基础。立足于已有的文献和研究成果，介绍相关概念界定并列出与本书相关的理论基础。

第 3 章通过梳理历史资料来阐述全区、东部的呼伦贝尔盟（简称呼盟）、中部的锡林郭勒盟（简称锡盟）、西部的巴彦淖尔市以及乌拉特中旗等地绵羊种业发展历程，从历史角度分析种业发展中存在的问题。然后介绍乌拉特中旗的基本情况和当前绵羊产业的发展现状①。

第 4 章为统计描述部分。根据问卷统计描述问卷中的基本信息以及其他数据，利用统计描述的方法分析农户用种的行为与选择。

第 5 章通过整理问卷和实地访谈资料整理出乌拉特中旗现有良种扩散模式，利用案例分析对比各个良种扩散模式和良种化运

---

①　因多年来，内蒙古自治区各地的行政区划名称发生了较大改变，为尊重历史以及方便读者阅读，全书多处地区名称未调整为最新名称。

行机制中各个利益主体间的协作和博弈行为，并找出其中存在的问题。

第6章为结论及建议。根据第3章、第4章与第5章的分析进行总结，并给出相应的建议。

1.7　技术路线

本书的技术路线如图1-1所示。

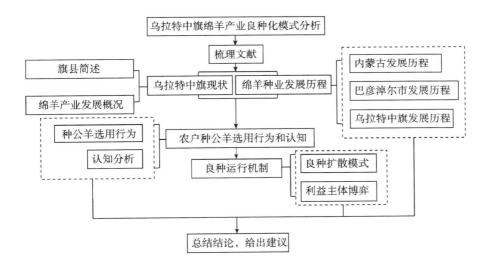

图1-1　本书的技术路线

1.8　创新点与不足之处

创新点：通过分析农户的行为和比较分析良种扩散模式来研究乌拉特中旗良种繁育体系运行机制中存在的问题。创新点在于种公羊作为绵羊生产第一环节，当中的投入要素对后续的生产过程起到奠定基础的作用。但以此为对象的研究比较少见。结合历史的角度、研究分析农户行为以及运行机制几个部分对整个良种化过程中存在的问题，并提出对策建议。

不足之处：在良种繁育体系中商品场除了农户还有规模养殖场和合作社等，调研时没有将这些囊括进来，需要进一步深入研究与探讨。

2 概念界定与理论基础

2.1 概念界定

2.1.1 良种

"良种"顾名思义是指优良的品种，一般指生长快、品质好、抗逆性强、性状稳定和适应一定地区自然条件，且适用于规模化养殖的物种。家畜良种是畜牧业发展的根本和前提、畜牧业产业链产前环节中第一投入的重要生产要素，并且是一项要求专业技术的产业且涉及技术领域广泛，是一项系统工程，该系统由家畜良种繁育体系、家畜品种改良技术推广服务体系、家畜质量检测体系、家畜监督管理体系组成。本书的良种主要从两个方面理解，一方面是本地优良品种，适应当地气候环境、经过历史选育留下来的遗传资源；另一方面是杂交改良品种，为改良经济性状，基本符合要求品种的某些缺陷而进行杂交后培育出的品种。

2.1.2 良种繁育体系

家畜良种繁育体系是针对畜产品生产需要，提供良种的各个关节所构成的有机整体，其中包括群体遗传改良、良种扩繁、良种推广、品种资源保护、家畜良种管理、产业化开发等内容。完整的家畜良种繁育结构体系由原种场、扩繁场和商品场组成，呈上小下大的"正宝塔式"结构（刘芳等，2012）。为了提高整个地区育种和杂种优势及利用效果，经过规划建立起来一整套合理的组织机构，其中包括设置各种性质的牧场（如育种场、繁殖场和商品场），确定它们的规模、经营方向和任务，使之密切配合，从而达到工作效率高、遗传进展快和经济收益大的目的。良种繁育体系中应该有育种场（核心群）、繁殖场（制种群）、商品场（生产群）。育种场的主要任务是根据个体或家庭成绩做纯种（系）选育，根据品系间正反交的结果做后裔测定，为繁殖场提供杂种母羊和纯种公羊，或直接提供纯种公羊和母羊，由繁殖场做杂交。繁殖场的任务主要是繁殖扩群，为商品场或农户提供杂种母羊，向育种场提供公羊后裔测定的结果。而商品场的任务是提供符合收购要求的羊产品。

2.1.3 运行机制

运行机制，是引导和制约决策并制定与人、财、物相关的各项活动的基本准则及相应制度，是决定行为内外因素及相互关系的总称。各种因素相互联系、相互作用，要保证社会各项工作目标和任务真正地实现，必须建立一套协调、灵活、高效的运行机制。如市场运行机制、竞争运行机制、企业运行机制。本书的运行机制的主体是绵羊产业良种化中的构成要素、功能及其相互关系以及这些要素发挥功能的作用原理与方式。

2.2　理论基础

2.2.1　产业组织理论

产业组织理论是微观经济学中的一个分支，主要从供给角度分析单个产业内部的市场结构、厂商行为和经济绩效。早期（20世纪70年代以前）的产业组织理论主要以结构主义学派和芝加哥学派为主，结构主义学派提出 SCP 范式，强调市场结构的作用，认为市场结构决定市场行为与市场绩效。芝加哥学派则认为，结构、行为和绩效的关系并不是简单的互相决定，而是存在更复杂的关系。他们的主要理论思想范式是竞争型均衡模型。两个学派都以新古典理论为出发点，不过因其理论逻辑和思考方法及对象的不同，两学派产生的结论也相差较大。结构主义学派以强调如何改善资源的低效率配置等市场绩效作为产业组织的主要问题对象，讨论市场势力形成的固有的结构条件；芝加哥学派重视长期的竞争效率均衡，坚持短期的低效率、非均衡可以通过技术创新、自由进入和退出来得到解决。20世纪70年代以后，在传统产业组织理论的基础上扩大了研究内容，引入可竞争市场理论、交易成本理论、博弈论和合约理论等形成新产业组织理论。更加注重市场环境与厂商行为的互动关系，在方法和工具上运用大量的现代数学的分析工具，特别是多变量的分析工具。新产业组织理论更加强调在不完全市场结构条件下厂商的组织、行为和绩效的研究，特别是寡占、垄断和垄断竞争的市场，在理论假定上增加了交易成本和信息的维度。认为市场结构、市场行为和市场绩效是相互作用的，均属于市场分析框架内的内生变量。

2.2.2 农户行为选择理论

行为选择理论是从经济学和心理学的角度研究农户的行为与选择，将农户设定为理性人，在面对经济活动时做出何种反应的学说。也就是说农户行为选择理论研究的是农户如何做出选择、采取何种选择的理论。农户行为选择理论的研究是建立在农户能够采取独立决策的基础之上的。按照屈小博的定义，农户行为选择理论的研究重点在于农户在追求家庭收益最大化和市场经济原则下，当资源既定和市场约束时对于"生产、消费、销售、流通"等方面做出的选择行为。

3 良种繁育业发展历程与现状

3.1 内蒙古自治区良种繁育业发展历程

3.1.1 内蒙古自治区品种引入与培育情况

内蒙古自治区从 20 世纪 50 年代开始进行绵羊改良，至今其品种改良大致可以分为两类：一类是不断地选育本品种，优中择优，如蒙古羊、滩羊、苏尼特羊、乌珠穆沁羊等。另一类是引入外来品种与当地品种杂交改良后育成的新品种。至今全区共育有内蒙古毛肉兼用细毛羊、敖汉细毛羊、鄂尔多斯毛用细毛羊、中国美利奴羊（科尔沁型）、科尔沁毛用细毛羊、内蒙古毛肉兼用半细毛羊、兴安毛肉兼用细毛羊、乌兰察布毛肉兼用细毛羊和呼伦贝尔毛肉兼用细毛羊等毛用型品种，还有昭乌达肉羊、巴美肉羊、察哈尔肉羊等肉用品种。据记载，内蒙古自治区于 1951 年开始陆续由国外或国内其他地区引入良种羊用于改良工作的开展，主要引入品种有茨盖羊、新疆细毛羊、美利奴羊（东德、澳大利亚）、卡拉库尔羊和多赛特羊等。

绵羊改良工作的开展与品种选育受养羊业发展历程影响，20世纪五六十年代，羊毛需求量多而且价格高，因此绵羊改良以毛用型品种改良为主。如表 3-1 所示，1951～1975 年各引入品种的生产特性表明多数为毛用型或毛肉兼用型。到 20 世纪七八十年代进入"毛肉""肉毛"兼用开发阶段，20 世纪 90 年代起人们对于膳食结构和营养补充有了更高的需求，因此绵羊育种转向以产肉为主（张冀汉，2003）。经过畜牧工作人员多年的不断努力培育出了许多优良杂交改良品种，这些种质资源为内蒙古绵羊产业发展奠定了基础。

表 3-1　1951~1991 年内蒙古自治区引进良种羊统计　　单位：只

时间	引进国家或地区	品种	性别		合计
			公	母	
1951~1953 年	苏联	苏联美利奴	25	120	145
		茨盖	12	103	115
1956~1960 年	苏联	苏联美利奴	100	—	100
		卡拉库尔	59	394	453
		阿尔泰	30	—	30
		茨盖	179	397	576
		后贝加尔	5	83	88
		其他	70	—	70
	德国	东德美利奴	35	772	807
		萨力斯克	2224	397	2621
		伦山	19	114	133
		爱登堡	9	96	105
	新疆	新疆细毛羊	3900	2100	6000
1966~1975 年	英国	林肯	3	44	47
		罗姆尼	10	37	47
	新西兰	罗姆尼	57	537	594
	澳大利亚	罗姆尼	22	168	190
		边区莱斯特	14	293	307

时间	引进国家或地区	品种	性别		合计
			公	母	
1984~1991 年	澳大利亚	美利奴	540	—	540
		邦德	505	—	505
		康贝克	—	77	77
		多赛特	47	76	123

资料来源:《内蒙古畜牧业大事记》。

3.1.2 建设场站、加强牲畜良种管理工作

3.1.2.1 内蒙古自治区建设畜牧种畜场站情况及相关制度法令

1949~1995 年内蒙古建设场站及牲畜改良相关工作情况如表 3-2 所示。

表 3-2 1949~1995 年内蒙古建设场站及牲畜改良相关工作情况

年份	场站名	牲畜改良相关工作
1949	国营那吉屯国营种畜场,巨流河牧场,道德牧场	
1950	麻池种马改良繁殖场	
1951	集宁、卓资、莎拉齐、土默特、归绥种马配种站;昭乌达盟敖汉种羊场	
1952	锡察地区国营牧场繁殖场	
1953	内蒙古五一牧场	
1954		引用乳用短角公牛与当地蒙古母牛杂交
1955	哲里木盟高林屯种畜场	
1956		内蒙古自治区绵羊改良工作队成立
1958	昭乌达盟好鲁库种羊场建成	内蒙古自治区畜牧厅召开全区首届绵羊改良工作会议

续表

年份	场站名	牲畜改良相关工作
1959	内蒙古红格塔拉种羊场成立	
1961	内蒙古卡拉库尔种羊场成立	
1964	哲里木盟嘎达苏种畜场建成	首次提出制定优良种畜标准和实现种畜标准化的措施
1967	巴彦淖尔盟同和太种畜场建成	
1974		内蒙古卡拉库尔种羊场培育的"彩色羔皮羊"（亦称苏尔羊）获得成功
1976		内蒙古自治区革命委员会验收命名"内蒙古毛肉兼用细毛羊"新品种；全区开始推广黄牛冷冻精液配种技术
1977		国家农林部在集宁市举办全国家畜冷冻精液技术培训班
1978	阿拉善盟骆驼育种研究所成立；内蒙古土默特种羊场成立	
1981		哲里木盟畜牧兽医科学研究所、家畜改良站、嘎达苏种羊场、高林屯种畜场、奈曼旗畜牧局共同完成哲里木盟地区绵羊改良项目
1985		内蒙古自治区人民政府验收命名"鄂尔多斯毛用细毛羊"新品种
1986	内蒙古自治区人民政府验收命名"乌珠穆沁羊"新品种	国家经济委员会农业局验收命名"中国美利奴羊"（科尔沁型）新品种
1987		内蒙古自治区人民政府验收命名"科尔沁毛用细毛羊"新品种
1991	内蒙古自治区家畜冷冻精液胚胎移植新技术推广站建成投产	在乌审旗、鄂托克前旗各建一处种羊场，进行纯种繁育；内蒙古自治区人民政府验收命名"内蒙古毛肉兼用半细毛羊"新品种；内蒙古自治区人民政府验收命名"兴安毛肉兼用细毛羊"新品种
1993		内蒙古自治区科委鉴定验收《安哥拉山羊纯种繁育和杂交改良试验研究》项目；从澳大利亚引进邦德种羊1510只
1994	内蒙古自治区人民政府验收命名"乌兰察布毛肉兼用细毛羊"新品种；内蒙古自治区人民政府验收命名"乌珠穆沁绒肉兼用白绒山羊"新品种	确定的国家级重点种畜场：内蒙古自治区嘎达苏种羊场、敖汉种羊场、五一牧场、卡拉库尔种羊场

续表

年份	场站名	牲畜改良相关工作
1995	设立内蒙古自治区家畜改良工作站（处级）、内蒙古卡拉库尔种羊场（科级）、内蒙古土默特种羊场（科级）、内蒙古红格塔拉种羊场	内蒙古自治区人民政府验收命名"呼伦贝尔毛肉兼用细毛羊"新品种；内蒙古自治区人民政府验收命名"罕山白绒山羊"新品种

资料来源：《内蒙古畜牧业大事记》。

1949 年，内蒙古农牧部建立国营那吉屯国营种畜场、巨流河牧场、道德牧场为内蒙古第一批国营牧场。锡林郭勒盟黑城子种畜场建成，1974 年以后为纯种繁育法国利木赞肉牛的原种场。内蒙古自治区成立后，经过两年的努力，牲畜头数已恢复和超过抗日战争前的最高水平。全区牲畜总头数达 1118. 22 万头（只），其中大牲畜和羊达 983. 07 万头（只），生猪达 135. 15 万口。畜牧业产值达 69751 万元。

1950 年，绥远省在包头建立麻池种马改良繁殖场。1955 年，该场分为麻池种马繁殖场和麻池种马中心站。

1951 年 4 月 20 日内蒙古自治区人民政府颁布《内蒙古自治区民有种公畜候补种公畜选定及奖励暂行办法》。绥远省建立集宁、卓资、莎拉齐、土默特、归绥种马配种站。昭乌达盟敖汉种羊场建成。该场是培育敖汉毛肉兼用细毛羊的基地。

1953 年 5 月 1 日内蒙古五一牧场成立。其前身为 1952 年 11 月建立的锡察地区国营牧场繁殖场。

1954 年，昭乌达盟、锡林郭勒盟开始引用乳用短角公牛与当地蒙古母牛杂交。5 月 18 日内蒙古自治区人民政府颁布《内蒙古自治区民有种公畜选定及奖励暂行办法》。同时废止 1951 年 4 月 20

日内蒙古自治区人民政府颁布的《内蒙古自治区民有种公畜候补种公畜选定及奖励暂行办法》和 1953 年 5 月 7 日颁布的《绥远省选留种公畜及候补种公畜标准》。

1955 年 12 月，内蒙古党委决定自治区的国营牧场一律实行"企业经营、农牧结合、多种经营"的方针。种畜场分两大类：一类是繁殖良种；另一类是培育地方良种。哲里木盟高林屯种畜场建成（由巨流河牧场分衍）。该场是以纯种繁育德国西门塔尔牛为主的原种场，兼培育科尔沁牛和科尔沁羊。昭乌达盟敖汉种羊场在全国率先进行妊马血清促进绵羊多胎多产技术试验，连续三年，最高年份双胎率达 59%。

1956 年，内蒙古自治区农牧厅组织运羊队，从新疆维吾尔自治区巩乃斯种羊场和塔城羊场接运回新疆细毛种羊 1400 只。1957 年 6 月，又从巩乃斯种羊场接回新疆细毛种羊 2500 只。两次"万里赶羊"，对内蒙古 1958 年全面开展改良绵羊起到了决定性作用。8 月内蒙古自治区绵羊改良工作队成立。1958 年升格为内蒙古自治区家畜改良局，为处级事业单位。1974 年改名为内蒙古自治区家畜改良工作站。

1957 年 10 月 17 日内蒙古党委第四次全委扩大会议指出推广内蒙古的牲畜，1/2 以上在农业区和半农半牧区，今后这两个地区必须大力贯彻在稳定发展畜牧业生产的基础上，进行社会主义改造的方针，"发展畜牧业生产的方针应当是数质并重，在提高牲畜的质量上要贯彻选育本地良种与引进外来良种相结合的方针"。

第一个五年计划结束，全区牲畜总头数达 2415.00 万头（只），其中，大牲畜和羊达 2247.78 万头（只），生猪达 167.21 万口，良种改良种大牲畜和羊达 15.50 万头（只）。畜牧业总产值达 154043 万元，牧民人均纯牧入 384 元。

1958 年，内蒙古自治区畜牧厅召开全区首届绵羊改良工作会议。5 月 24 日，《内蒙古日报》发表《快马加鞭，改良绵羊》的社论，9 月 13 日，《内蒙古日报》再次发表《抓紧做好绵羊改良》的社论，为全面开展绵羊改良工作起到了重要的舆论作用。当年，全区培训农牧民人工授精技术员 7487 人，调拨细毛种公羊 9955 只，下拨人工授精器材 3360 套，建立配种站 2195 处，输精点 1430 处，改良配种绵羊 326 万只，占适龄母羊总数的 60%，为自治区成立 11 年来绵羊改良配种总和的 4.5 倍。1958 年，昭乌达盟好鲁库种羊场建成，该场是培育新疆细毛羊、苏联莎力斯克细毛羊、德国美利奴细毛羊的原种场。

1959 年 7 月 1 日，内蒙古红格塔拉种羊场成立。该场是纯种繁育茨盖半细毛羊的原种场。内蒙古自治区从国外引进种牛，1959~1993 年先后由苏联、法国、丹麦、澳大利亚、加拿大等国引进西门塔尔、夏洛来、安哥斯、丹麦黑白花、利木赞肉牛、赫斯坦黑白花（红白花）乳用型牛等种牛 628 头（其中种公牛 70 头）。

1961 年 8 月，内蒙古卡拉库尔种羊场成立，该场是纯种繁育卡拉库尔羊的原种场。

第二个五年计划结束，全区牲畜总数达 3510.20 万头（只），其中，大牲畜和羊达 3276.27 万头（只），生猪达 233.94 万口，良种改良种大牲畜和羊达 208.98 万头（只）。畜牧业总产值达 200618 万元。牧民人均纯牧入 121.2 元。

1964 年 12 月 1~7 日内蒙古自治区科学技术委员会、内蒙古自治区畜牧厅在海拉尔市召开"全区种畜标准化会议"，首次提出制定优良种畜标准和实现种畜标准化的措施。1964 年，哲里木盟嘎达苏种畜场建成，该场是培育中国美利奴羊（科尔沁型）和西门塔尔牛的原种场。

1967 年，巴彦淖尔盟同和太种畜场建成，该场是纯种繁育英国罗姆尼、林肯、新西兰罗姆尼、澳大利亚罗姆尼、边区来斯特羊的原种场。

第三个五年计划结束，全区牲畜总头数达 3940.27 万头（只），其中，大牲畜和羊达 3639.55 万头（只），生猪达 300.72 万口，良种改良种牲畜达 455.60 万头（只）。畜牧业产值达 285144 万元。

1974 年，内蒙古卡拉库尔种羊场培育的"彩色羔皮羊"（亦称苏尔羊）获得成功。

1975 年，伊克昭盟畜牧局、内蒙古大学等 4 家单位的科学技术人员在内蒙古卡拉库尔种羊场开展"绵羊胚胎移植技术"研究，1979 年获得成功。

第四个五年计划结束，全区牲畜总头数达 4633.23 万头（只），其中，大牲畜和羊达 4134.23 万头（只），生猪达 499.00 万口，良种改良种大牲畜和羊达 928.30 万头（只）。畜牧业产值达 307680 万元，牧民人均纯牧入 149.3 元。

1976 年 11 月 18 日，内蒙古自治区革命委员会验收命名"内蒙古毛肉兼用细毛羊"新品种，该品种数量约 150 万只，分布在正蓝旗、多伦县、镶黄旗、阿巴嘎旗、锡林浩特市、西乌珠穆沁旗。全区开始推广黄牛冷冻精液配种技术。

1977 年 3 月 16 日，国家农林部在集宁市举办全国家畜冷冻精液技术培训班。同年 10 月全国第三次半细毛羊畜种协作会在内蒙古举行，要求在 1985 年前分别育成东北、内蒙古、青海、安徽、甘肃、山西半细毛羊新品种，尽快实现我国半细羊毛的自给。

1978 年，阿拉善盟骆驼育种研究所成立；内蒙古土默特种羊场成立，该场是纯种繁育林肯羊的原种场。

第五个五年计划结束，全区牲畜总头数达 4656.76 万头（只），其中，大牲畜和羊达 4058.30 万头（只），生猪达 598.46 万口，良种改良种大牲畜和羊达 1323.70 万头（只）。肉类总产量达 23.81 万吨，鲜奶总产量达 7.03 吨，鲜蛋总产量达 2.84 万吨，毛绒总产量达 43700.00 吨，牛羊皮总产量达 509.10 万张。畜牧业总产值达 271581 万元。牧民人均纯牧入 265.18 元。

1981 年，哲里木盟畜牧兽医科学研究所、家畜改良站、嘎达苏种羊场、高林屯种畜场、奈曼旗畜牧局共同完成哲里木盟地区绵羊改良项目。

1982 年由内蒙古自治区畜牧科学院、哲里木盟畜牧兽医科学研究所主持，武川县家畜改良工作站、锡林郭勒盟白音希勒牧场参加的"绵羊精液冷冻保存技术研究"，在 1983 年获得成功。

1983 年 7 月 1 日，内蒙古自治区畜牧厅发出《关于把家畜改良事业作为发展畜牧业战略重点的通知》，要求全区把畜牧业的重点从增加牲畜数量转移到提高经济效益、改良牲畜品种、提高牲畜质量上来。

1985 年 5 月 20 日，内蒙古自治区人民政府验收命名"鄂尔多斯毛用细毛羊"新品种。

第六个五年计划结束，全区畜牧业生产获得丰收，牲畜总头数达 4341.81 万头（只），其中，大牲畜和羊达 3836.04 万头（只），生猪达 505.77 万口，良种改良种牲畜达 1401.80 万头（只）。肉类总产量达 34.90 万吨，鲜奶总产量达 25.86 万吨，鲜蛋总产量达 9.14 万吨，毛绒总产量达 5.22 万吨，牛羊皮总产量达 548.2 万张，畜牧业产值达 402069 万元。牧民人均纯牧入 650 元。

1986 年 3 月 6 日，国家经济委员会农业局验收命名"中国美利奴羊"（科尔沁型）新品种。同年 10 月 19 日，内蒙古自治区人民政府验收命名"乌珠穆沁羊"新品种，该品种数量约 150 余万只。

1987 年 5 月 21 日，内蒙古自治区人民政府验收命名"科尔沁毛用细毛羊"新品种。

1990 年 2 月 5 日，内蒙古自治区人民政府强调 1990 年工作要点时指出，继续加强对畜牧业生产的领导，抓好牲畜改良工作，强化服务体系。

第七个五年计划结束，全区畜牧业生产再创历史最高纪录，牲畜总头数达 5307.43 万头（只），其中，大牲畜和羊达 4740.07 万头（只），生猪达 567.36 万口，良种改良种牲畜达 2194.9 万头（只）。肉类总产量达 53.61 万吨，奶类总产量达 39.65 万吨，鲜蛋总产量达 12.45 万吨，毛绒总产量达 6.44 万吨，牛羊皮总产量达 897.57 万张。畜牧业总产值达 530101 万元。牧民人均纯牧入 906 元。

1991 年 2 月 13 日，伊克昭盟从澳大利亚引进澳美型邦迪母羊 495 只、种公羊 9 只，在乌审旗、鄂托克前旗各建一处种羊场，进行纯种繁育。5 月 5 日，内蒙古自治区人民政府验收命名"内蒙古毛肉兼用半细毛羊"新品种，该品种数量约 4 万只。6 月 4 日，内蒙古自治区人民政府验收命名"兴安毛肉兼用细毛羊"新品种。8月3日，内蒙古自治区家畜冷冻精液旺胎移植新技术推广站建成投产。

1993年10月22日，内蒙古自治区科委鉴定验收"安哥拉山羊纯种繁育和杂交改良试验研究"项目。澳大利亚澳中联合开发有限公司与赤峰市好鲁库种羊场合资兴建内蒙古金峰畜牧有限公司。1993年12月，该公司从澳大利亚引进邦德种羊1510只。

1994年5月21日，内蒙古自治区人民政府验收命名"乌兰察布毛肉兼用细毛羊"新品种。6月17日，内蒙古自治区人民政府验收命名"乌珠穆沁绒肉兼用白绒山羊"新品种。12月6日，国家农业部第28号公告公布第二批国家级重点种畜场，其中有内蒙古自治区高林屯种畜场、红格塔拉种羊场，除上述两个场外，第一批确定的国家级重点种畜场还有内蒙古自治区嘎达苏种羊场、敖汉种羊场、五一牧场、卡拉库尔种羊场等。

1995年5月23日，内蒙古自治区人民政府验收命名"呼伦贝尔毛肉兼用细毛羊"新品种，该品种数量约25.6万只。内蒙古自治区人民政府同意设立内蒙古自治区家畜改良工作站（处级）、内蒙古卡拉库尔种羊场（科级）、内蒙古土默特种羊场（科级）、内蒙古红格塔拉种羊场等。9月22日，内蒙古自治区人民政府验收命名"罕山白绒山羊"新品种，该品种数量约94万只。

第八个五年计划结束，畜牧业生产再创历史最高水平。全区牲畜总头数达6065.71万头（只），其中，大牲畜和羊达5086.28万头（只），生猪达979.44万口，良种改良种牲畜达3202.1万头（只）。肉类总产量达81.89万吨，鲜奶总产量达51.17万吨，鲜蛋总产量达 18.83 万吨，毛绒总产量达 63536 吨，牛羊皮总产量达 1116.6 万张，畜牧业产值达 760770 万元。牧民人均纯牧入 1871 元。

3.1.2.2　内蒙古自治区的绵羊改良工作大致可以划分为三个阶段

（1）1947~1955 年为改良工作试验试点阶段。

1951~1952 年最先在武川县建立 1 处种羊场（省属）和绵羊中心配种站（国营），同时建立 4 处种羊配种站用来推广家畜人工授精技术。

1953~1955 年，内蒙古自治区政府颁布各盟、专区、直属旗县兽医防治队改为畜牧兽医工作站，并收到建立县旗畜牧兽医工作站的命令。在自治区第一次牧区工作会议中强调种业发展要同时兼顾良种繁殖和新品种培育，不得顾此失彼。因此种畜场的建立也要有区分，遂将武川种羊场迁至察哈尔右翼中旗建立灰腾梁种羊场，将原武川种羊场改建为自治区直属中心配种站。截止到 1954 年底，全区共建立起 20 处种羊配种站（国营），次年开始组织实施人工授精技术试点工作，5 年时间全区累计采用人工授精改良配种母羊 25 万多只。

（2）1956~1959 年为起步与发展阶段。

1956 年，内蒙古自治区在召开的第一次绵羊改良座谈会提出，为推动绵羊改良群众性，未来绵羊改良工作交由公社自办，并且成立了自治区第一支绵羊改良技术推广专业队伍。

1957 年，全面普及推广人工授精技术，同时颁布《绵羊人工授精操作程序》。

1958 年，随着家畜改良工作的全面开展，种畜需求量不断上升，为加快良种培育进程并更好地满足种畜需求，省与省之间开始调配种畜，内蒙古自治区每年计划实施专项拨款支援区内各地家畜改良和扶持种畜场。当年，全区人民公社自办的绵羊改良配种站发展到 35 处。在组建绵羊改良队伍的基础上又成立了自治区家畜改良局，将绵羊改良队改制为家畜改良局家畜改良队。

1959 年，为加强良种牲畜管理，内蒙古自治区政府颁布了《内蒙古自治区良种牲畜管理办法》（1989 年进行再修订）。全区国营、社办配种站协同工作，自治区绵羊改良局面达到了一个全新的数量，当年底绵羊改良配种站已有 4228 处，共有 1.2 万只种公羊参与改良，家畜改良工作人员突破 1 万人。

（3）1960 年为改良育种并进阶段。

1960 年，内蒙古自治区国营种羊场已建立 3 处。

1964～1965 年，种畜场归农业系统管理并颁布《国营种畜场工作暂行条例（试行草案）》，同时内蒙古自治区成立良种繁育场管理局。

1966 年，"文化大革命"初期良种工作受到影响，部分种畜场被下放给旗县管理，种畜质量和数量都有所下降。1973～1990 年，随着家畜改良工作的进一步提升，参与改良的种公羊数量和改良工作人员人数也不断增加，引进冷冻精液技术（1981 年逐渐对羊进行推广实验）和胚胎移植技术等新技术开发推广应用。1987 年建立旗县综合服务中心，包括畜牧、兽医、草原服务。合并苏木（乡、镇）改良站、兽医站、草原站，建立畜牧技术综合服务站。

1992 年，颁布《内蒙古自治区良种牲畜管理办法》实施细则，决定在内蒙古自治区成立品种审定委员会，在盟市成立评审小组。

1995 年，全区饲养种羊数量已达 2.69 万只，旗县所属畜牧、兽医、草原综合服务中心 18 个，苏木（乡、镇）畜牧技术综合服务站 1140 个，家畜改良站、配种站和冷冻精液站数量也不断增加。当年，全区有自治区级家畜改良工作站 1 处，盟市、旗县级家畜改良工作站 86 处，集体承办的家畜改良工作站 12 处，国营配种站 21 处，冷冻精液站（包括冷源站）5 处。内蒙古自治区的良种繁育体系（育种—扩繁—推广）初现雏形，还有种用相配套的框架基本形成。

1949~1995 年，内蒙古自治区绵羊改良发展迅速，从无到有，从小到大。1952 年全区绵羊良种和改良种头数为 100 只，到 1995 年已发展为 15951400 只。

3.2 内蒙古自治区西部地区、中部地区、东部地区的良种繁育业发展历程

内蒙古自治区是由东北向西南斜伸，呈狭长形。其中具有代表性的绵羊产业是西部地区的巴彦淖尔市、中部地区的锡林郭勒盟以及东部地区的呼伦贝尔盟。因此在介绍全区良种繁育业的基础上，从历史的角度主要整理各地区的绵羊业良种、繁育业发展情况。

3.2.1　巴彦淖尔市绵羊种业繁育发展

内蒙古各地草场类型、气候环境等均有所不同，因此引入品种也并不相同，据《内蒙古自治区十年家畜改良资料汇编（1951－1960）下》中记录，通辽市主要引入东北改良羊、新疆细毛羊、苏联美利奴、高加索和莎力斯克等品种与当地品种进行杂交改良。赤峰市引入苏联美利奴、高加索、新疆细毛羊、茨盖羊和考力代羊等品种。乌兰察布市引入品种为茨盖羊、新疆细毛羊，而鄂尔多斯市和巴彦淖尔市引入主要品种是新疆细毛羊、高加索和茨盖羊（张晓玲，2015）。

中华人民共和国成立初期巴彦淖尔盟财力人力有限，改良工作无法独立自主开展，都是由自治区直接负责指导，各地区和旗县建立畜牧兽医工作站后地区和旗县家畜改良工作均下派专门工作人员分管。

1955年，农区建立人工授精站。

1958年，内蒙古自治区为了拉动改良工作的群众性推行"社办公助"，牲畜改良工作由公社自办，自治区协助。该年在盟内各个旗县先后建立国营配种场共9处，其中针对小畜建立的配种站只有1处。除了配种站以外，还在各社队设立了改良站点、配种站，建成后自治区畜牧厅免费提供用于改良的优良种畜和人工授精器材。

1977年，巴彦淖尔家畜改良工作站成功建立。

如表3-3所示，巴彦淖尔盟1949～1978年引入种羊的基本上都是五原、杭锦后旗和临河等农业旗县，1955年少数牧区引进了新疆细毛羊，但与农区相比数量非常少。

表 3-3　1949～1978 年巴彦淖尔盟引入绵羊品种

时间	品种
1949 年	考力代
1955 年	新疆细毛羊、苏联高加索羊、美利奴羊、东德美利奴羊、波尔华斯羊、茨盖羊、卡拉库尔羊
1978 年	敖汉细毛羊、高加索细毛羊、茨盖羊
1966～1971 年	林肯羊、边区莱斯特羊、英国罗姆尼羊、新西兰罗姆尼羊、澳洲罗姆尼羊
1972～1974 年	三北种羊

资料来源：《巴彦淖尔盟志》。

1966～1971 年，同和太牧场引入种羊用来纯种繁殖，为整个巴彦淖尔盟提供种羊。1972～1974 年，主要由乌拉特后旗负责引入了三北种羊，乌拉特后旗利用该品种与蒙古羊配种，羊羔成活率达98%，但后来因管理组织不善该品种逐渐退化淘汰。

中华人民共和国成立初期巴彦淖尔盟的畜种结构中小畜偏多，之后小畜数量一直呈增长趋势，从 1949～1985 年该市绵羊数量变化来看，除 1952～1957 年和 1965～1970 年两个时间段绵羊数量呈小幅度下降以外，大体呈上升态势。在此之前大畜数量占牲畜总量的22.4%，到 1985 年已下降至 11.8%。反观绵羊数量在牲畜总量中的占比由 1949 年的 40.3%增长到 1985 年的 49.6%。到 1985 年 6月末，巴彦淖尔盟共有蒙古羊 115.92 万只，占绵羊总数的69.93%。良种绵羊 47868 只，占绵羊总数的 2.89%。改良种羊450532 只，占绵羊总数的 27.18%。繁殖母畜 80.36 万只，种公羊2.47 万只。在杂种绵羊中，一代二代较多。同年，五原县海子堰、丰裕两个乡对 1515 只一代二代杂种羊进行鉴定，其被毛密度、细度、油汗颜色以及腹毛着生均良好。一代二代杂种母羊产毛量比蒙古羊高出 1~2 千克，三代以上成年母羊每只产毛量比蒙古羊高出 2~3 千克。

3.2.2 锡林郭勒盟良种、繁育业发展情况

锡林郭勒草原自古以来就以群牧方式经营畜牧业，家畜的繁殖依靠自然本交。中华人民共和国成立前多为种公畜常年随群放牧。1951 年锡盟全盟家畜的繁殖、保畜率：马为 42.93% 和 81.5%，牛为 67.27% 和 87.98%，骆驼为 34.03% 和 174.06%，绵羊为 72.17% 和 81.39%，山羊为 71.22% 和 84.26%。

1949 年，锡盟牲畜中大畜（含马、牛、驴、骡、骆驼）占 25.8%，小畜（含绵羊、山羊）占 74.2%。到 1990 年，大畜所占比例下降至 14.5%，小畜上升为 85.5%。

（1）主要的绵羊品种。

以小畜为代表的乌珠穆沁羊产于锡盟乌珠穆沁草原，是蒙古羊的一个优良品种，属肉脂粗毛羊。乌珠穆沁羊（以下简称乌羊）的土种选育工作从 1952 年开始。东、西乌珠穆沁旗从 1960 年起根据杂交改良和本品种选育升重的育种方针，选育一级公羊的标准为"二白一圆"，即颈部、中躯、四肢毛为白色，羊尾为圆形。到 1963 年选育乌羊范围发展到 10 个公社 44 个选育群，51500 只基础母羊，种公羊 927 只，建立 7 个核心群，优秀公羊 92 只，母羊 9513 只。1977 年，乌羊选育被定为内蒙古重点科研项目。1979 年，东乌珠穆沁旗改良站组织 3 万只肥羔中间试验，结果 6 月龄肥羔均达到外贸规定的出口标准。1983 年，国家投资搞乌羊肥羔出口，乌兰夫同志曾亲自品尝了乌羊肥羔肉。当年，国家标准局正式颁发了乌羊国

家标准：3 岁以上公羊活重 80 千克，母羊 60 千克，公羊体高 70 厘米，体长 75 厘米，胸围 103 厘米，十字部宽 25 厘米；母羊体高 65 厘米，体长 70 厘米，胸围 90 厘米，十字部宽 22 厘米。成年羯羊屠宰率 53%，净肉率 45%，尾重 4~5 千克。1983 年，锡盟出口乌羊 1 万多只，1984 年出口 4 万多只。1986 年 10 月，内蒙古自治区政府委托自治区农委、科委与锡盟公署组成乌羊品种验收技术委员会，经过验收认为乌羊在质量和数量上已达到国家标准，被正式命名为乌珠穆沁羊。当时乌羊数量已达 150 万只，其中，核心群 117 个，羊 47000 只，选育群 506 个，羊 179000 只。乌珠穆沁羊具有体长、肉多、肉质鲜美、无膻味、遗传性稳定、早期生长发育快等特点。该羊从 1983 年陆续向中东、东南亚、西欧等地区出口。

苏尼特羊是蒙古羊系中一个优良类群，为肉用脂尾粗毛羊。中心产区为苏尼特地区北部和西北部。该羊体格大，体质强，身躯长，脂尾厚且肥大呈竖椭圆形，公、母羊多数无角，头颈部毛色以黑、黄为主，体躯白色毛。

（2）从国外引入的主要羊品种。

高加索细毛羊，产于苏联达洛坡边区，属毛肉兼用型细毛羊。1953 年从察北牧场镇南羊场第一次引入公羊 3 只。放入种畜场黄花乌拉和花呼稍二分场；用于改良本地羊和部分杂交羊。1954~1958 年引入该羊 7 只，放入五一牧场。到 1961 年共引入 256 只，到 1984 年共有纯种羊 3491 只。

美利奴细毛羊产于苏联北部的高加索。1953 年由察北牧场引入 80 只，放入五一牧场。到 1955 年陆续引入公羊 75 只，放入锡盟南部，与本地羊杂交改良和纯种繁育。

阿斯卡尼细毛羊产于苏联，毛肉兼用型。1958 年开始从察北牧场引入，到 1961 年共引入 67 只。主要引放于锡盟正蓝旗、镶黄旗等地。

萨力斯克羊产于苏联，毛肉兼用型。1958 年从苏联引入公羊 30 只。到 1961 年引入公羊 411 只。1983 年又从河北省引入公羊 200 只。

普利柯斯细毛羊，该羊又称肉用美利奴，为德国肉毛兼用细毛羊。1964 年引入公羊 125 只，母羊 15 只。1967 年从好来库羊场引入公羊 24 只。

澳洲美利奴羊产于澳大利亚，属于强毛型。1984 年 10 月中旬，澳大利亚赠送锡盟 3 只公羊到五一牧场，半月内配 4000 多只发情母羊，受胎率达 85% 以上。1986 年引入 41 只澳洲美利奴公羊，1989 年又引入 50 只。

澳波半细毛羊是澳大利亚的澳洲美利奴与该国波尔华斯羊的杂种。1977 年引入锡盟白音锡勒牧场和五一牧场，主要用于导血试验。

茨盖半细毛羊产于苏联南部，为毛、肉、乳兼用。1952 年从察北牧场引入 2 只放入五一牧场，与内蒙古细毛做杂交改良，由于后代花羔多，1959 年停止使用。1955 年从武川县引入 8 只茨盖羊，1977 年从红格塔拉种羊场引入 1794 只茨盖羊。其杂种一代二代饲养条件低，抗灾能力强，1977 年特大雪灾后，1978 年繁成率达 94.25%，保畜率平均为 96.8%。

考力代羊产于澳洲新西兰，由林肯羊与当地羊杂交自群繁育，于 1879 年在考力代育成，为毛肉兼用半细毛品种。1952 年从察北牧场引 4 只公羊、42 只母羊放入锡盟种畜场。

罗姆尼羊（罗姆尼马尔七羊）产于英国。1968～1978 年引入该羊，1980 年将罗姆尼羊迁至大青山以南饲养。

（3）从国内引进的主要羊品种。

新疆细毛羊，1956 年 5 月，锡盟从新疆巩乃斯购买 1120 只新疆细毛羊，其中，特级公羊 40 只，经过半年，行程万余里，引入锡盟种畜场。到 1960 年繁殖了 530 只，1969 年发展到 8550 只，1973 年增至 9234 只。1969～1973 年共出售公母种羊 4591 只。1973 年存栏繁殖母羊 4000 只。到 1983 年 11 月，种畜场六分场有该羊 11585 只。

沃新细毛羊是新疆细毛羊引入澳洲美利奴细毛羊血统的后代。1979 年，锡盟从新疆巩乃斯种羊场引入 37 只，用于改良内蒙古细毛羊。

（4）主要培育的绵羊品种。

内蒙古细毛羊是以美利奴为父本，以当地蒙古羊为母本进行杂交培育的内蒙古自治区第一个、国家第二个毛肉兼用细毛羊新品种。主要分布在正蓝旗、太仆寺旗、多伦县、镶黄旗、阿巴嘎旗、锡林浩特市、西乌珠穆沁旗等地。中心产区是五一牧场、白音锡勒牧场。

绵羊改良始于 1952 年，开始用茨盖羊和苏联美利奴同时与蒙古羊进行杂交，到 1959 年把茨盖羊逐次淘汰。主要用苏联美利奴和高加索种公羊杂交改良。1958 年，全场有苏蒙、高蒙一代杂种一万余只。1957 年底，蒙古羊淘汰剩 600 只。到 1963 年，锡盟细毛羊改良工作进入四代杂交阶段，1967 年，锡盟绵羊改良工作进入纯繁提高阶段，1971 年，内蒙古自治区农林部将锡林郭勒细毛羊改名为内蒙古毛肉兼用细毛羊，并列为全区重点科研项目之一。

当年调查达到品种群的羊有 7 万多只，一级羊占 36% 以上。1975 年，锡盟共有改良羊 300 万只以上；1976 年 11 月 18 日，经自治区人民政府正式批准验收命名，内蒙古细毛羊在锡盟育成。

（5）绵羊的配种繁殖情况。

锡盟绵羊人工授精于 1952 年在锡盟种畜场和察哈尔盟（简称察盟）种畜场首先开始，产羔率达 90% 以上。到 1955 年，绵羊人工授精在察盟种畜场普及，1957 年，锡、察两盟绵羊人工授精两年共配 75000 余只，受胎率达 90% 以上，到 1958 年 10 月，锡、察两盟合并时全盟圈存杂种羊共 46982 只。1958 年，锡盟共建配种站 636 处，训练配种员 1822 名，共有种羊 1688 只，品种主要有高加索、苏联美利奴、阿斯卡尼、新疆细毛羊等。到 1989 年，全盟累计配种母羊 121.3 万只，全盟存栏含澳血细毛羊 566965 只。

（6）绵羊改良育种工作。

1952 年，北部在锡盟种畜场用考力代半细毛羊开始人工授精改良蒙古羊；南部在察盟国营牧场繁殖场（五一牧场前身）用茨盖半细毛羊开始人工授精改良蒙古羊。同年，北部锡盟种畜场由技术员同塘、辛仲直、蔡炳林用人工授精配 3800 只母羊，受胎率为 80%，除考力代外引用高加索美利奴人工授精改良。南部商品繁殖场、五一种畜繁殖改良场先开始用茨盖公羊杂交，因所产杂种羊毛粗，后来一半蒙古羊用茨盖公羊配，另一半改用苏联美利奴公羊配。

1954 年秋，锡盟西联旗特莫勒常年互助组由锡盟种畜场买了 2 只考力代种羊，盟政府派去 3 名畜牧兽医技术干部（邱仲泉、张铁明、僧格）给其蒙古羊试点人工授精 70 只，除有 2 只母羊流产外，

1955 年春，60 只母羊产羔 102 只，受胎率为 88.57%，繁殖率为 170%，保育率为 100%，杂种羔单胎大者 5.5 千克，纯蒙古羔为 4.5 千克，杂种双羔最低为 3.25 千克；8 月下旬，杂种羔活重高者 为 37.50 千克，剪毛 0.75 千克，同期蒙古羔 32.50～36.00 千克，剪毛 0.20～0.35 千克。

1955 年，察盟由察北牧场和武川种羊场购入高加索、茨盖种公羊各 15 只，购置费 2760 元，种羊场设在太仆寺旗陶林高勒，为提高人工授精人员技术水平，于 9 月开设了训练班，为期 30 天，参加学员 80 名，购买 10 只母羊供实习用，最后到五一牧场参观吸取了工作经验，本年共建 6 个绵羊配种站，并完成配种任务 5000 只，受胎率为 80%，产羔率为 95%。

1956 年，镶黄旗的那仁乌拉红旗大队 7 户牧民组织的互助组赶着 200 只母羊到 150 里外的正镶白旗宝力更套海巴音都力庙去配种，第二年产下来一部分改良羔，这一年秋天全队 50% 的母羊进行了改良。

1957 年，经过互助合作运动，绵羊改良由点到面，逐步推广。年内，正蓝旗绵羊改良建立人工授精配种站 4 处，集中母羊 3494 只，共配母羊 2906 只；正镶白旗人工授精配种 5130 只。锡、察两盟绵羊改良任务达 62000 只。

1958 年，中央农业部提出"书记挂帅，全党动员，全面动手大搞绵羊改良工作"的号召，内蒙古自治区党委又在锡林浩特召开了第七次牧区工作会议，下达锡、察两盟绵羊改良任务 74 万只。

1959 年，全盟人工授精大小牲畜 84 万头（只），比 1958 年增长 15 倍，注孕马血清的母羊 29859 只，出现了一胎六羔、五羔、多胎多产和大面积丰产事迹，改良羊达总羊数的 13.3%，一代改良羊平均产毛 2.5 千克，二代平均产毛 3.5 千克以上。为了稳定、全面、高速度地发展畜牧业，进一步加强育种工作，提高畜禽质量，尽快培育出新的品种，锡盟转发了自治区制定的 1960～1969 年《内蒙古自治区人民公社及国营农牧场家畜（禽）育种规划及家畜改良规划》。

1960 年，全区家畜育种会议决定"五一种畜场和白音锡勒牧场（原锡盟种畜场）及附近人民公社培育锡林郭勒细毛羊新品种"，并由盟委正式下达任务，有关场社积极引用新疆、苏联美利奴、高加索等品种与蒙古羊进行杂交。

1961 年，锡盟根据内蒙古自治区党委第十次牧区工作会议确定的最近三五年牧区绵羊改良的重点是农区、半农半牧区的精神，在牧区压缩了绵羊改良任务。1961 年，锡盟开始对改良绵羊进行整顿提高，到 1962 年，全盟对改良羊进行分群，共有 528 个杂种羊群，347542 只杂种羊。1963 年，锡盟为加强对改良工作的组织领导，全盟在盟、阿巴嘎旗、镶黄旗、正蓝旗、太仆寺旗五个单位建立家畜改良辅导站，其他旗县都固定了畜牧干部，做改良技术工作。内蒙古畜牧厅抽工作组到西乌珠穆沁旗、正蓝旗、多伦县推动改良工作。年内，根据内蒙古召开的家畜改良辅导站站长会议，锡盟确定以养好种畜为纲，继续巩固与提高家畜改良效果，坚持整群改、集中改、重点改的工作方法。

1964 年，锡盟西乌珠穆沁旗成为自治区改良绵羊数量最多的旗县，改良羊总数达 133893 只。到 1965 年，锡盟改良羊达 96 万只，占全区改良羊的 35%，其中细毛羊育种群有 2 万余只。

1965 年春季，盟内召开家畜改良座谈会，总结了绵羊改良工作的经验和教训，其经验是各级领导重视，依靠群众大搞群众运动，技术是保证，培养重点以点带面。

1966 年，内蒙古农牧科学院在西乌珠穆沁旗搞绵羊改良样板工作。深入西乌珠穆沁旗金河公社金星大队和巴拉格尔牧场，开始推行杂种羊羔断尾，由毛希拉浩特开展试点，在生后 5~10 天用胶圈做了 5 只，5 天后脱落；烙铁做 80 只。

1971 年，内蒙古自治区党委、革委会征得农林部的同意，将锡林郭勒细毛羊正式命名为内蒙古毛肉兼用细毛羊，纳入自治区国民经济计划，列为全区重点科研项目之一，内蒙古细毛羊的数量发展到 3 万只。

1975 年，锡盟共有改良羊 222 万只，其中，同质细毛杂种羊约 20 万只，内蒙古细毛羊品种群约 5 万只，1976 年发展到 7 万只。1976 年 11 月，"内蒙古毛肉兼用细毛羊"正式命名。1976 年 6 月，对内蒙古细毛羊进行鉴定验收。

1979 年，锡盟内蒙古细毛羊育种工作领导小组办公室制定《内蒙古细毛羊整顿与归属工作的安排意见（讨论稿）》，当时育种基地已扩大到 5 场 17 社，数量达 18.6 万只，一级羊占 30%。

1981 年，内蒙古自治区下达锡盟改良绵羊 70 万只的任务，全盟共建配种站 625 处，集中可繁殖母羊 44 万只，38.8 万只可繁殖母羊用纯种和多代繁种公羊 9700 多只进行了本交改良。

1982 年，全盟完成绵羊改良任务 858720 只，占内蒙古自治区下达任务的 141.9%，为盟任务的 122.7%，其中，人工授精 517204 只，占绵羊改良配种数的 60.2%。

1983 年，全盟绵羊改良配种 94 万只，其中，人工授精 65 万只。

内蒙古细毛羊由 1982 年的 32.2 万只发展到 40 万只，净增 7.8 万只，增长比例为 24.2%。锡盟开始"提高内蒙古细毛羊生产性能及建立繁育体系"的科技攻关项目，经过 7 年时间，全盟先后引进澳洲美利奴公羊 87 只，中国美利奴公羊 1560 只，自己选育含澳血公羊 4640 只，对全盟旧型细毛羊引血配种累计达 121.3 万只，接活引血羔羊 90.9 万只，1989 年底鉴定普查统计存栏含澳血细毛羊 566965 只，其中，基础母羊 28.4 万只。1990 年 6 月，该攻关项目通过验收。

1984 年 3 月 28 日至 4 月 1 日在呼和浩特市召开了全区细毛羊科技攻关协作会议制定了三项达标任务，内蒙古细毛羊净毛量 2.8 千克、毛长 8.5 厘米、剪毛后体重 42 千克，上述指标为小试点。

1985 年，全盟绵羊改良配种 97.37 万只，其中，人工授精 35.65 万只。

1986 年 10 月，经内蒙古自治区人民政府批准召开乌珠穆沁羊验收命名会议。

1987 年，全盟绵羊改良配种 103.54 万只，其中，人工授精 31.23 万只，冷配 1648 只。

1988 年，全盟坚持杂交改良与土种选育相结合的原则，积极开展了绵羊改良育种，全盟良种和改良种绵羊 283.64 万只，占绵羊总数的 45.6%。

1989 年，绵羊改良配种 103.78 万只，其中，常温配种 37.02 万只，冷配 5730 只，共完成人工授精 37.59 万只。

1990 年，全盟绵羊改良配种 105.77 万只，其中，人工授精 43.69 万只，澳美羊配种 18.04 万只，平均每只公羊配 2577 只。

1991 年，全盟利用良杂种公羊 27.69 万只，本交改良配种

83.09 万只，人工配种与本交改良配种绵羊 129.62 万只。注重细毛羊基地、高产细毛羊基地建设，完成太仆寺旗和多伦县细毛羊基地建设的验收。

1992 年，全盟绵羊改良配种 139.7 万只，其中，人工授精 49.6 万只。为促进锡盟种公羊培育工作，由盟集团承包领导小组办公室分别与白音锡勒牧场、五一种畜场、额里图牧场签署了种公羊特培合同，合同就种羊销售、种公羊出场标准、特培数量作了详细规定。

1993 年，全盟绵羊改良配种工作在羊毛价格不合理、饲养细毛羊积极性有所下降的情况下，经过加强宣传引导，采取稳固、提高南部细毛羊区的原则，积极开展了各项工作。继续对乌珠穆沁羊、苏尼特羊进行选种配种和选育提高，选配乌珠穆沁羊 70 万只、苏尼特羊 33 万只。为了强化种公羊的饲养管理，提出种羊归集体所有、专业户饲养、统一管理、租赁使用。年内除农区外，基本实现了种公羊的统一管理和集中管理。

1994 年，全盟选育肥尾肉羊 80 万只，改良比重达 60%。实现种公羊特一级化的嘎查村达 572 个，占嘎查村总数的 64%。

1996 年，全盟绵羊改良配种 182.4 万只，其中，人工授精 46.2 万只。培育推广优良种公羊，在五一种畜场、白音锡勒牧场共鉴定签发出场证书的种公羊有 490 只，多伦县种羊场和种羊培育户鉴定合格出售种羊 218 只。

1997 年，全盟改良绵羊占绵羊总数的 61.95%。协助内蒙古自治区重点建设项目实施单位编写了"苏尼特羊原种场建设方案""乌珠穆沁羊原种场建设方案""乌珠穆沁白绒山羊原种场建设方案"和"锡盟种畜禽监督管理体系建设方案"。从天津港口接回超细毛羊 4 只, 从中国农科院畜牧所购置 20 只肉羊分别投放到五一种畜场和有关旗县。

2000 年, 全盟绵羊改良配种 215.70 万只, 其中, 人工授精55.67 万只。

2001 年, 全盟绵羊改良配种 237.0 万只, 其中, 人工授精63.1 万只 (包括特级公羊配种 35.62 万只)。鉴定地方良种种公羊71276 只, 合格种公羊 45300 只, 合格率为 63.56%; 鉴定细毛羊种公羊 16932 只, 合格种公羊 12082 只, 合格率为 71.36%。采精公羊总数达 324 只。

2002 年, 全盟绵羊改良配种 226.0 万只, 其中, 人工授精60.6 万只。

2003 年, 全盟绵羊改良配种 283.5 万只, 其中, 人工授精 62万只。

2004 年, 全盟绵羊改良配种 292.0 万只, 其中, 人工授精74.2 万只 (细毛羊 36.9 万只、肉羊经过杂交 37.2 万只)。

2005 年, 全盟共建立 1748 个标准化畜群, 母羊数达 25.4 万只, 占产区地方良种母羊总数的 5.2%。

2006 年, 全盟绵羊改良配种 381.60 万只, 其中, 人工授精52.57 万只 (细毛羊 18.03 万只, 肉羊经济杂交 34.34 万只)。年内大规模地开展了优良畜种选育提高工作。

2007 年, 全盟绵羊改良配种 418.0 万只, 其中, 细毛羊人工授精 19.4 万只, 肉羊经济杂交 56.1 万只。

2008 年, 全盟绵羊改良配种 426.42 万只, 其中, 细毛羊人工授精 20.21 万只, 肉羊经济杂交 56.21 万只, 地方良种选种选配

350 万只。

2009 年，全盟绵羊改良配种 445 万只，其中，细毛羊人工授精 18.3 万只，肉羊经济杂交 56.2 万只，本交改良 370.5 万只。6 月国家农业部专家组将阿巴嘎旗乌冉克羊和阿巴嘎旗黑马认定为品种遗传资源。

2010 年，全盟绵羊改良配种 440 万只，其中，细毛羊人工授精 15 万只，肉羊经济杂交 55 万只，地方良种肉羊选种选配 370 万只。

2011 年，全盟绵羊改良配种 465.20 万只，其中，细毛羊人工授精 15.04 万只，肉羊经济杂交 55.16 万只、本交改良 395.00 万只。继续开展了地方良种肉羊选育提高工作。建立健全了种公羊生产专业户档案。对种公羊全部进行年检（鉴定），合格的种公羊全部佩戴耳标，建档立卡。

2012 年，全盟绵羊改良配种 437.0 万只，其中，人工授精 11.3 万只。按照乌珠穆沁羊保种的要求与内蒙古自治区家畜改良站合作生产乌珠穆沁羊冷冻胚胎 169 枚，作为乌珠穆沁羊优良基因而保存。全盟有种公羊生产专业户 1024 户，年内建立健全了种公羊生产专业户档案及管理和建设工作。

2013 年，全盟绵羊改良配种 420.0 万只，其中，绵羊人工授精 20.6 万只。进一步巩固完善了种公羊生产专业户建设（要求种公羊必须达到特一级标准），对基础母羊进行全面整群，并对整群的母羊群进行登记、建档立卡，全盟已确定的种公羊生产专业户 1061 户，其拥有合格母羊数为 33.4 万只。

1958~2013 年全盟牧业年度良种羊和改良羊数量如表 3-4 所示。

表3-4　1958~2013年全盟牧业年度良种羊和改良羊数量　单位：万只

年份	良种畜	良种羊	改良畜	改良羊	年份	良种畜	良种羊	改良畜	改良羊
1958	—	—	6.37	5.99	1986	47.73	46.39	219.60	210.70
1959	—	—	45.69	41.90	1987	49.13	47.11	239.00	228.92
1960	—	—	69.46	67.95	1988	62.02	59.38	234.85	224.63
1961	—	—	73.62	72.06	1989	88.09	85.72	276.31	264.93
1962	—	—	57.41	55.46	1990	99.85	96.97	263.74	253.45
1963	1.86	1.41	59.13	58.00	1991	108.46	105.12	295.71	283.60
1964	1.66	1.23	73.88	72.40	1992	134.50	130.31	272.69	258.48
1965	2.23	1.74	94.68	92.82	1993	165.13	160.05	273.92	256.87
1966	3.28	2.62	114.54	112.36	1994	254.26	248.65	256.72	237.71
1967	4.64	3.87	139.41	137.23	1995	340.94	333.68	274.59	252.48
1968	5.31	4.48	122.72	120.56	1996	413.55	405.51	279.16	248.88
1969	3.26	2.70	106.29	105.13	1997	450.76	443.61	298.28	263.02
1970	5.01	4.36	104.82	103.39	1998	555.62	547.3	287.15	253.24
1971	4.46	3.67	105.00	103.16	1999	633.55	626.51	314.13	269.50
1972	6.95	6.06	139.93	137.27	2000	724.34	715.94	323.90	280.00
1973	10.39	9.39	185.99	182.14	2001	688.17	680.26	306.97	274.44
1974	11.24	10.22	222.96	217.89	2002	684.00	678.53	260.08	243.29
1975	14.38	13.26	246.02	239.06	2003	993.52	987.24	286.75	263.66
1976	17.50	16.03	276.73	265.10	2004	974.01	965.33	337.47	308.64
1977	30.19	28.68	295.81	282.89	2005	956.73	945.88	371.06	333.61
1978	23.78	22.81	182.81	174.58	2006	984.24	973.80	309.99	265.00
1979	32.28	31.01	215.79	206.12	2007	984.35	965.43	322.17	268.66
1980	31.82	30.47	240.92	229.54	2008	932.99	903.33	315.19	255.22
1981	33.59	32.22	224.32	213.95	2009	934.85	893.72	278.29	218.45
1982	38.35	37.06	247.66	236.86	2010	958.74	915.88	215.92	148.84
1983	38.04	36.80	242.16	232.40	2011	952.48	913.54	189.97	120.35
1984	41.85	40.53	231.42	222.31	2012	948.73	913.54	202.69	120.35
1985	46.32	44.68	241.68	232.31	2013	1044.4	990.56	222.05	148.82

资料来源：《锡林郭勒盟畜牧业志》。

3.2.3 呼伦贝尔盟良种、繁育业发展情况

3.2.3.1 呼伦贝尔盟良种牲畜的品种构成

呼伦贝尔草原畜牧业历史悠久，发展良好。在大小牲畜总数中，良种、改良种牲畜所占的比重情况，既能反映出呼盟的家畜质量情况，又能反映出呼盟牲畜的品种构成。呼盟历年来良种和改良种牲畜在牲畜总数中的变化情况如下：

1958 年，呼盟良种牲畜 2.21 万头（只），改良种牲畜 3.52 万头（只），合计 5.74 万头（只），占大小牲畜总数的 3.93%。1959 年，呼盟良种牲畜 5.91 万头（只），改良种牲畜 11.76 万头（只），共计 17.67 万头（只），占大小牲畜总数的 10.45%。1961 年，呼盟良种牧畜 15.68 万头（只），改良种牲畜 28.90 万头（只），共计 44.58 万头（只），占大小牲畜总数的 21.93%。1963 年，呼盟良种、改良种牲畜共计 47.23 万头（只），占大小牲畜总数的 19.0%。1963~1968 年，呼盟良种、改良种牲畜数逐年增加，从 1963 年的 47.23 万头（只）增加到 1968 年的 79.06 万头（只），1964~1965 年、1966~1967 年分别增加为 9.58 万头（只）、10.91 万头（只）。数量增长较大。1963~1968 年，良种、改良种牲畜所占大小牲畜总数的比重也逐年增长，从 1963 年的 19.0% 增长到 1968 年的 26.6%。1969 年，呼盟有良种、改良种牲畜共计 68.98 万头（只），所占比重为 23.9%。到 1972 年，良种、改良种牲畜共计 43.97 万头（只），所占比重为 18.2%，1968~1970 年是牧区严重白灾年；1971~1972 年，牧区遭受轻度白灾，大小牲畜总头数及良种、改良种牲畜头数一直下降，比重由 23.9% 降到 18.2%。1973

年，呼盟良种、改良种牲畜共计 50.68 万头（只），所占比重为 19.7%。1976 年，呼盟良种、改良种牲畜共计 69.83 万头（只），所占比重为 24.5%。1973~1976 年，良种、改良种牲畜数量一直上升，所占比重也逐年提高。1978 年，呼盟良种、改良种牲畜共计 88.67 万头（只），占大小牲畜总数的 27.71%。1980 年，呼盟良种、改良种牲畜共计 84.86 万头（只），占大小牲畜总数的 27.99%。1979~1985 年，呼盟牲畜总头数逐年下降，良种、改良种牲畜数也逐年下降，总头数由 318.46 万头（只）下降到 183.45 万头（只），良种、改良种牲畜由 85.98 万头（只）下降到 40.91 万头（只），所占比重由 1979 年的 26.98% 下降到 1984 年的 20.3%，1985 年又回升到 22.3%。下降原因一是经济体制改革后呼盟放开了牲畜买卖市场，毗邻的黑龙江省涌入大批购买牲畜的客户，造成牲畜的大量外流；二是由于 1983~1984 年的大白灾，造成了大小牲畜的大量死亡。1986~1989 年，呼盟良种和改良种牲畜头数呈上升趋势，良种、改良种牲畜头数为 49.24 万头（只）、63.98 万头（只）、77.02 万头（只）、88.78 万头（只），所占比重分别为 24.4%、27.4%、31.1%、32.7%。具体如表 3-5 所示。

表 3-5 呼盟良种、改良种牲畜情况及占比 单位：头（只），%

数量 项目 年份	良种、改良种 牲畜合计	占大小牲畜 总数的比例	良种牲畜	改良种牲畜
1958	57366	3.93	22145	35221
1959	176718	10.45	59106	117612
1960	260532	14.15	86900	173632
1961	445765	21.93	156759	289006

续表

数 量 项 目 年 份	良种、改良种牲畜合计	占大小牲畜总数的比例	良种牲畜	改良种牲畜
1962	446438	19.17	141360	305078
1963	472339	19.00	154793	317546
1964	493718	19.71	161707	332011
1965	589508	21.55	194663	394845
1966	615820	22.87	229683	386137
1967	724975	25.69	251425	473551
1968	790572	26.57	267749	522823
1969	689801	23.89	248116	441685
1970	657656	23.48	257665	399991
1971	642750	24.87	294321	348429
1972	439661	18.15	167845	271816
1973	506848	19.69	213303	293545
1974	634576	23.16	258155	376421
1975	647153	22.30	213966	433187
1976	698341	24.54	289630	408711
1977	680841	22.06	230918	449923
1978	886655	27.71	316067	570588
1979	859755	26.98	361089	498666
1980	848596	27.99	123599	724997
1981	617484	20.32	131871	485613
1982	643424	22.13	112892	530532
1983	563633	20.84	114972	448661
1984	410343	20.28	106296	304047
1985	409070	22.30	97987	311083
1986	492371	24.38	135829	356542
1987	639828	27.44	173770	466058
1988	770226	31.14	205014	565212
1989	887824	32.72	229331	658493

资料来源:《呼伦贝尔盟畜牧业志》。

3.2.3.2　呼伦贝尔盟绵羊改良情况

绵羊是呼盟畜牧业中的主要畜种。呼盟饲养的绵羊品种主要是蒙古羊，多数分布在牧业四旗、额右旗和满洲里市，还有少量的呼盟短尾羊、呼盟黑羊，分布在鄂温克旗、新左旗、额右旗等地。数量居第二位的是杂种羊，大约50万只，主要分布在岭东3个旗市。

中华人民共和国成立以前，呼盟绵羊改良工作基本没有开展，仅有几处官办牧场饲养少量良种羊。1933年，在海拉尔临时设立了种羊饲养场，饲养美利奴羊和改良羊1192只；1939年，从美国和澳大利亚引进美利奴羊和考力代羊，与蒙古羊交配以提高蒙古羊生产性能。中华人民共和国成立初期，除苏侨遗留下少量改良羊外其他都是蒙古羊。

中华人民共和国成立后，呼盟绵羊改良工作有了较快进展。1956年，在陈旗的乌固诺尔公社的乌固诺尔队和科右前旗（当时隶属呼盟）乌兰毛都公社的阿林一合队搞绵羊改良试点，取得了显著成效。1958年，在全盟十几个旗县开展，培训了农牧民输精员1200人，牧区每个队都建立了羊的人工授精站。配种器材由国家无偿供给，盟里负责技术辅导。1958年，开展全区绵羊改良大会战，口号是"大发展，全改良"。内蒙古自治区有家畜改良指挥部，盟里成立了以技术人员为骨干的绵羊改良工作队，深入各旗县开展羊的人工授精。在鄂温克旗南坝成立呼盟中心配种站。当时以乌兰毛都公社配种成绩最高，创造了一只公羊配万只母羊（人工授精）的纪录，号称"万只羊卫星"。

经过几十年的改良，牧业四旗的良种羊由1949年初的7134只、仅占绵羊总数的0.79%发展到1989年末的228545只，占绵羊总数的 24.8%，增长了 31 倍。岭东 3 旗（市）基本实现了改良化。

30 年来共引进良种公羊 3423 只，母羊 1563 只，品种十几个。1972 年建立了第一个盟直属种羊场，即五三牧场。承担细毛羊的纯种繁殖和为旗县提供种羊的任务，1989 年饲养绵羊 7000 余只。

1966~1976 年，绵羊改良出现了回交、滥配、大批宰杀改良羊的现象，尤其在牧区，改良羊群中放进了本地公羊，几年时间改良羊群几乎见不到了。在这一阶段农区虽然也不搞人工授精，但由于羊的数量少、改良较快，同时受羊毛价格的刺激，一直在坚持良种配种。

1984 年，牧区实行了草畜双承包，牲畜作价归户。经营体制的变革，牧区绵羊人工授精出现新问题，绵羊改良工作需要统一组织、统一规划、集中配种，而牧区改革后的经营体制是以户为生产单位，经营权、所有权集中到户，劳动力、草场、畜群都难以统一调配，难以推广科学的饲养管理。生产的进一步发展要求进一步完善现有的经营体制，实行统分结合的双层管理方式。在绵羊配种季节搞联合配种、统一组织、统一指挥。1985 年，自治区、盟、旗三级改良站首先在新右旗赛汉塔拉苏木进行联合配种试点，集中人力、物力在全苏木共建输精点 17 个、投放公羊 40 只，配种 45 天，输精 6721 只。1985~1989 年，盟畜牧站又在新左旗阿苏木搞联合配种试点，参加户数由 3 户发展到 10 户，5 年累计配种 1950 只，平均受胎率为 86.60%。

1983~1989 年，全盟累计改良绵羊配种 1237514 只，其中，人工授精 165621 只，建输精点 454 处，培训技术员 799 人。1981 年牧业年度，牧业四旗改良羊发展到 382735 只，占绵羊总数的 22.1%。

1989 年，呼盟绵羊存栏 1596555 只，其中，良种、杂种羊 512958 只，占绵羊总数的 32.1%。农业 3 个旗市良种、杂种羊为 161811 只，占绵羊存栏数的 55.5%；牧业四旗良种和改良种羊为 267121 只，占 22.6%，城林区有良种、杂种羊 84026 只，占绵羊存栏的 66.6%。

呼盟的细毛羊改良是利用品种间杂交的方法以引进的国内外优良品种为父本，以呼盟地区饲养的蒙古羊为母本进行杂交，培育适应呼盟地区生态环境的同质细毛羊。

呼盟的绵羊改良（主要是细毛羊改良）始于 1956 年。在改良过程中曾多次引进国内外优良品种。20 世纪 50 年代由苏联引进的品种有苏联美利奴、高加索、沙力克斯、阿斯卡尼、斯达夫洛波、阿尔泰、东德美利奴、后贝加尔等。由外省区引入的有新疆细毛羊、东北细毛羊。1958 年以后，从哲里木盟、昭乌达盟引入了敖汉细毛羊、澳波羊、中国美利奴等新培育的品种。1986 年，呼盟从澳大利亚引入 2 只澳美羊。1987 年，呼盟从嘎达苏种羊场引入 2 只澳美羊。1988 年，从苏联赤塔州红色巨人牧场引入后贝加尔羊 389 只，其中公羊 291 只，母羊 98 只。

绵羊引种工作主要由盟主管部门统一掌握安排，也有少数种羊是通过民间养羊户之间互相串换或买卖的。引入的种羊主要用人工授精方法来改良蒙古羊，也有采用本交法来改良蒙古羊，部分羊进行纯种繁育。呼盟直属的呼伦种羊场（原五三牧场）就承担着新疆细毛羊、高加索羊的纯繁工作。牧区人工授精一般在每年的 11～12 月，配 2～3 个情期，然后用本地公羊补配。配种期由生产队统一组织劳动力。牲畜作价归户后，由牧户自愿组织改良。配种期内由一户或几户联合搞配种，业务部门负责技术服务，技术指导，搞技术承包等形式进行改良。羊群大小不一，多的几百至千余只，少的百余只。每个配种站（点）养有种公羊。每站由人工授精员、放牧员、饲养员组成。

1956年呼盟设立绵羊改良试点，1958年提出了"大发展，全改良"的口号，全面推广绵羊人工授精，形成了一个自上而下的改良"高潮"，仅呼盟牧业四旗就有28万余只绵羊进行了人工授精。全盟的几个旗、县组建了家畜改良站。1965年，牧区改良羊达203084只。1966~1976年，生产受到严重影响，改良工作也几乎停止。1975年牧区改良羊回落到192829只，并出现了出售、宰杀改良羊的现象，还有的生产队搞回交滥配，羊群质量退化，绵羊改良走了下坡路。1977~1981年，呼盟绵羊改良出现回升势头，1978年改良羊达472312只，其中，牧区有改良羊267527只。1982~1985年又连续遭受风雪灾害，加上牧区经营体制改变带来的暂时影响，使绵羊改良始终处于滑坡、停顿状态。1985年全盟绵羊存栏为1056702只，其中，改良羊248454只，牧区改良羊112157只，比1982年减少了一半。岭东几个旗市没有受自然灾害影响，绵羊改良成果较稳固，基本实现了绵羊改良化。从组织领导方面来看，1982年和1986年两次组建调整全盟家畜育种委员会，成立绵羊育种协作组。

1986年，盟畜牧站临时组建了"三基办公室"（指肉牛基地、细毛羊基地、奶牛基地）加强了"细毛羊村"的建设，盟畜牧站组建了小畜辅导室，开展了以岭东三旗市为中心的全盟绵羊改良育种工作。1985 年，区、盟、旗三站在新右旗赛汉苏木进行牧区绵羊人工授精试点，共配种 6881 只。盟畜牧站 1985~1989 年在新左旗的阿木古郎宝力格苏木蹲点搞绵羊人工授精，5 年共配母羊 1950 只，平均受胎率为 86.6%。

呼盟于 1986 年引入澳大利亚育种协会登记的 2 只澳大利亚美利奴种公羊。引进后国内测定体重 （0143） 89.0 千克、（0263） 77.5 千克，羊毛细度 58~60 支，净毛率分别为 72.4%、69.4%。1987 年 10 月，从嘎达苏种羊场引入 2 只饲养在阿荣旗种畜场，当年参加配种，1988 年死亡 1 只，1989 年剩下 2 只，分别饲养在盟畜牧站和呼伦种羊场。1986 年采用 （0143） 公羊经高倍稀释人工授精母羊 1092 只。1987 年配了 1144 只，两年共配 2236 只，产改良羔 203 只，产羔率为 91.58%，成活率为 90.0%。

3.2.4　乌拉特中旗绵羊种业繁育发展情况

乌拉特中旗改良工作始于 1957 年，在此之前乌拉特中旗农民主要饲养的绵羊品种是蒙古羊，本地人一直称其为本地羊，1957 年开始旗内的改良绵羊数量及所占比重均逐渐增加。初始的改良工作是以其他毛用品种与本地蒙古羊杂交改良，改为细毛羊，但近些年来又出现了"倒改"的现象。

20 世纪 50 年代末到 60 年代末，乌拉特中旗的绵羊改良工作以改良细毛羊为主。1956 年，同和太种畜场建立，主要以选育提高内蒙古二狼山型白绒山羊和纯繁肉毛兼用羊为主。1958 年，乌拉特中旗先后引入细毛羊和半细毛羊，主要引入品种是新疆细毛羊、德国美利奴、苏联美利奴、高加索、茨盖羊、林肯羊、英国罗姆尼、澳大利亚罗姆尼、新西兰罗姆尼、边区莱斯特、卡拉库尔羊等，与本地蒙古羊杂交后繁殖了改良绵羊。初期主要大量引入品种新疆细毛羊，其他品种在后期逐渐开始引入。

1964 年乌拉特中旗建立配种站。1966～1967 年改良逐渐普及，先是在公社建立配种站，之后建立生产队的配种站，配种站的工作以绵羊配种居多。生产大队配种站的建立主要集中在几个绵羊饲养数量多的生产大队，例如，温更呼日木图、巴音敖包等。种公畜由嘎查统一管理，农民将母畜带到嘎查，由旗和生产队的配种站进行人工授精，自治区畜牧厅下派技术人员和管理人员指导工作开展。因此，当时的改良工作无论是从条件、措施方面，还是从程序方面来说都是比较专业且到位的。母畜在配种站接受人工授精，成群后再由农民带回自家。刚起步时期的绵羊改良工作是实验性的，对参与改良的农户都有标准，要求养殖经验丰富并且畜群条件好的农户，从符合条件农户的畜群中挑选出 20～50 只不等数量的母畜进行改良。期初农民对于改良和人工授精接受度不高，一方面是因为改良的效果需要长期进行积累经验才可见效，当时第一代改良后的绵羊的毛呈黑色，质量也不是很好，而第二代的品种中虽然偶尔会出现质量较好的，但总体上来说改良效果仍旧不理想，直到第三代，才有了比较纯正的品种，改良工作基本没有什么进展；另一方面是农民对于人工授精和改良知之甚少，不是非常相信人工授精，担心授精的准确率和成功率，农户会将已接受人工授精的母畜赶回再把种公羊放到羊群中，避免遗漏。除了对技术有质疑之外，农民对于新疆细毛羊改良本地品种也不是很满意，一个因素是改良后产下的初生羊羔毛少、畏寒，而 20 世纪 60 年代的基础设施条件也落后，没有暖棚，改良后产下的不少羊羔因为不耐寒而冻死。另一个重要因素是传染病，尤其是细菌型疫病高发，以当时的医疗条件无法做到提前预防和有效治疗。除了这些外界因素，饲喂也是影响改良的一个重要原因，如果饲喂得不够好，改良的效果也不会好。

1965~1966年，因为国内大环境的变化，育种方向转变为以改良长毛羊为主，细毛羊虽然羊毛细，但不够长。此时同和太种畜场开始进行长毛型肉毛兼用品种的改良工作，1966年，分别由英国、澳大利亚、新西兰引入世界著名的肉毛兼用羊，数量比较多的是罗姆尼羊。澳大利亚和新西兰等国家主要用这些品种生产肥羔，但我国主要用来改良本地绵羊，改良后的羊毛产量可以提高80%以上，在巴彦淖尔盟河套地区用罗姆尼羊做父本育成了河套中粗羊毛新品种。同年种畜场又从澳大利亚引入边区来斯特，该品种与罗姆尼羊的生产性能的特点基本相似，但平均繁殖率略高于罗姆尼羊，可以达130%。1966~1967年种畜场还引进了其他长毛型品种，乌拉特中旗气候干燥，属荒漠型草原。为避免出现引种应激情况，旗政府在引入种公羊时会有一个过渡的阶段，从国外引入的品种不会直接运送到旗里种畜场，先由其他种畜场饲养，一般是从东到西的运送路线，逐渐适应了气候环境后再运至旗里。主要引入品种有林肯羊，1966年11月引入敖汉种羊场；罗姆尼—玛许羊（英国），1966年3月引入敖汉种羊场，11月运至东方红种羊场（内蒙古生产建设兵团）；罗姆尼—玛许羊（新西兰），1966年9月引入东方红种羊场（内蒙古生产建设兵团）；边区莱斯特羊，1967年3月引入东方红种羊场（内蒙古生产建设兵团）；这些引入品种均会在其他种畜场饲养一段时间后再运至同和太牧场饲养。

1968~1969 年，受外部条件的制约，改良羊产下的羊羔成活率并不高，约为 80%，因此公社和生产队的配种站在运行 1~3 年后就被撤掉了。公社配种站在 1~2 年后基本上都会被撤掉，生产队的配种站也在建成 2~3 年后被撤掉。

1966~1976 年，改良工作陷入停滞，在细毛羊、半细毛羊、长毛羊之间反复改良，但没有很大的发展。

到 20 世纪 70 年代末，因实施改革开放经济体制发生了变化。农民们也逐渐意识到改良的重要性。长毛羊的作用逐渐消退，又开始了细毛羊的改良，旗政府主要引入德国美利奴和澳大利亚美利奴等品种，更多是用德国美利奴做父本进行改良，引入该品种时价格昂贵，人们称德国美利奴为"金羊"。原改良站工作人员提到，德国美利奴是最适合牧区进行改良的，前胸宽，出肉多，最多可产 70 斤肉。而澳大利亚美利奴则属于纯细毛品种，本地的蒙古羊一到夏天就会退毛，但澳美不会，产毛多。

20 世纪 70 年代，改良已有较好成果，巴音哈太（现归于新忽热苏木）、温更、川井等牧区公社绵羊改良化程度较高，质量也好。经过技术人员的鉴定，改良后的杂种羊已达到四类四级的标准，分群饲养，起到了典型引路的作用。

1972 年，同和太种畜场开始用新疆细毛羊、高加索、美利奴和斯达夫等细毛羊与蒙古羊进行复杂集交，羊毛同质后再导入美国林肯羊 50% 的血液，进行实验培育内蒙古半细毛羊，1974 年正式进行有计划的培育，为巴彦淖尔盟肉羊培育做出了杰出贡献。

20 世纪 80 年代，牧区实施了包产到户，改良工作进入无序状态，种羊场的培育工作从政府主导变为种羊场自主培育。由于半细羊毛和细羊毛在市场价格上存在差异，在收购羊毛时半细羊毛时常会遇到被压价甚至与土毛混为一体的现象，因此农民的主要饲养品种和改良意愿还是以细毛羊为主。

20 世纪 80 年代末期，牧区的改良工作基本上停止，但在农区还在进行。当时整个巴彦淖尔盟都在计划培育河套细毛羊，经过一段时间的培育到达一定规模后育种导向由毛用转向肉用，河套细毛羊培育计划没有继续实行下去。

1987 年到 1990 年初，乌拉特中旗政府不再大规模组织改良，而是每年从国家下发的扶贫政策贴息贷款中拿出一部分来购买种羊扶持积极饲养种羊和改良羊的农户。主要扶持育种户，育种户数量增加之后进一步发展为育种村，慢慢地形成合作社形式的种畜场，例如乌加河镇的农民顺、祥园等合作社。但这些合作社并没有达到专业育种技术的要求，仍旧是以农户繁育为主。

根据历史资料整理分析和通过与原来参与改良的工作人员交谈得知，乌拉特中旗的绵羊改良在 20 世纪 90 年代以前的改良方向一直在细毛羊和长毛羊之间反复，直到育种方向转变为肉用。初期的改良工作比较统一，改良效果也比较明显，到后期没有了明确的改良计划，对于引种也没有严格地把控，为了追求数量而引进一些品种，改良工作也进入无序状态。

3.3 乌拉特中旗绵羊业发展现状

3.3.1 乌拉特中旗基本情况

乌拉特中旗位于内蒙古自治区西部，北面是蒙古国，东面与包头市达尔罕茂明安联合旗、固阳县相接，南面为乌拉特前旗、五原县、临河区、杭锦后旗，西面为乌拉特后旗。全旗东西长 203.8 千米，南北宽 148.9 千米，呈不规则四边形，总面积 22868.11 平方千米。全旗辖呼鲁斯太、川井、巴音乌兰、新忽热、温更、海流图、乌加河、石哈河、德岭山和甘其毛都 10 个苏木镇，其中，乌加河镇、石哈河镇、德岭山镇属于农区，呼鲁斯太、巴音乌兰、新忽热、温更、海流图、甘其毛都属于牧区。另有 1 个同和太种畜场，1 个牧羊海牧场，共有嘎查、村（分场）93 个，街道社区 6 个，矿区管委会 1 个，自然村 278 个。

由表 3-6 可知，乌拉特中旗所辖总土地面积 228.68 万公顷，其中，农用地占地面积最广，有 220.99 公顷，占总土地面积的 96.6%；建设用地 6.65 万公顷，占总土地面积的 2.9%；未利用地 1.04 万公顷，占总土地面积的 0.5%。而在农用地中，95.12%的农用地为牧草地，其他类型土地面积占比不到 5%。牧草地是乌拉特中旗主体用地类型。

表 3-6　乌拉特中旗土地面积　　　　单位：万公顷

类别	总面积	农用地				建设用地			未利用地
		耕地	园地	林地	牧草地	JG	JT	SL	
面积	228.68	8.90	0.008	1.88	210.21	1.21	0.81	4.63	1.04
合计	228.68	220.99				6.65			1.04

注：JG 指居民点及工矿用地；JT 指交通用地；SL 指水利设施用地。
资料来源：乌拉特中旗人民政府网。

　　全旗各类用地具有明显的差异性，利用地布局为阴山山区和北部高平原为牧草地，有广袤草场，分布零星饲草料地，是乌拉特中旗的主体经济区域。98%的耕地集中于山前和山后旱作农业区两大片，前山河套灌区是主要农业区，东南部山旱区则是农牧结合的半农半牧区。全旗土地面积大且类型多样，适宜农、牧、林业的综合发展。全旗人均土地面积 15.87 公顷（折 238 亩），人均耕地面积 0.54 公顷（折 8.15 亩），牧区畜均占有草场面积 1.28 公顷（折 19.2 亩）。

　　据草普资料统计：乌拉特中旗草地类型共有 6 类 11 亚类 32 型，分布有温性典型草原、温性荒漠草原、温性草原化荒漠、温性荒漠、低地草甸、沼泽。草地总面积 3206.88 万亩，可利用草地面积 2913.98 万亩，其中温性荒漠草原占 63.29%，为乌拉特中旗主要草地类型。2011 年落实草原新政后，自治区统一按 40 亩天然草场饲养 1 个羊单位为 1 个标准亩，乌拉特中旗天然草场适宜载畜量确定的标准亩折算系数为 0.79，核算牧区冷季适宜载畜量 57.55 万个绵羊单位，如表 3-7 所示。

表 3-7　乌拉特中旗草地类型与面积及占比　　　　单位：万亩，%

草地类型	总面积	温性典型草原	温性荒漠草原	温性草原化荒漠	温性荒漠	低地草甸	沼泽
面积	3206.88	19.58	1844.26	818.13	155.78	73.16	3.07
占比		0.67	63.29	28.07	5.34	2.51	0.12

资料来源：《内蒙古统计年鉴》。

3.3.2 乌拉特中旗绵羊产业现状

3.3.2.1 绵羊养殖情况

乌拉特中旗畜牧业的养殖结构一直以来都是以饲养小畜为主，据统计记载，1987年全旗牲畜头数有1164478头（只），其中，大畜60017头（只），而小畜数量为1079617头（只），约占牲畜总数的92%，从2010年、2014年和2016年的统计数据来看，现小畜的平均养殖量占总养殖量的95%以上。牛、马、驴、骡、骆驼等大畜的饲养数量相比绵羊和山羊要少很多。其中骡的饲养量最少，并且只在农区饲养，牛和驴农区和牧区都有饲养，但牧区的存栏量要多于农区，尤其是牛，根据近几年的统计数据发现牧区的牛存栏量逐年递增，农区则相反。而马和骆驼只有牧区在饲养，巴音乌兰和甘其毛都为主要的骆驼饲养地，如表3-8所示。

表3-8 乌拉特中旗小畜养殖数量统计   单位：只，%

年份	小畜			绵羊			绵羊在小畜中所占比重		
	2010	2014	2016	2010	2014	2016	2010	2014	2016
总计	1254683	1312958	1329043	475786	570866	602616	37.92	43.48	45.34
乌加河	134184	159414	138010	92288	111645	94203	68.78	70.03	68.26
德岭山	164977	176018	140103	127970	137951	103291	77.57	78.37	73.73
石哈河	172403	242490	279322	70831	90058	142722	41.08	37.14	51.10
巴音乌兰	195517	187886	225244	64427	75482	101964	32.95	40.17	45.27
川井	167450	78680	76935	61957	31348	30457	37.00	39.84	39.59
呼勒斯太	124261	113984	106245	6377	18111	17398	5.13	15.89	16.38
新忽热	174069	145783	152181	37132	50741	54224	21.33	34.81	35.63
甘其毛都	—	59026	48078	—	27665	24724	—	46.87	51.42
温更	—	97891	109850	—	13858	18933	—	14.16	17.24
海流图	98446	4518	4396	10275	3369	3184	10.44	74.57	80.32
牧羊海	6180	17356	17000	1331	6172	6045	21.54	35.56	35.56
同和太	17196	29912	32111	3198	4466	5471	18.60	14.93	17.04

资料来源：《内蒙古统计年鉴》。

在小畜饲养结构中，山羊养殖的数量略高于绵羊，山羊数量约占总数的 55%，绵羊数量约占总数的 45%。这是因为在实行畜草双承包责任制以后人们的经营观念发生了变化，山羊绒价格上涨，绵羊毛价格下跌致使家畜的饲养结构随畜产品价格而变化，因此山羊数量呈明显增长趋势。但是从 2010 年、2014 年、2016 年的统计数据来看，虽然山羊养殖数量一直多于绵羊，但绵羊养殖数量的占比在小畜中呈上升趋势。乌拉特中旗绵羊养殖的特点是山后繁育，山前育肥，由图 3-1 可以看出，全旗农区养的绵羊数量最多，占总数的 56%，牧区养殖数量占比为 41%。在计算 2014～2016 年绵羊饲养增长率后得出，虽然农区绵羊现有养殖数量多，但 2016 年较 2014 年乌加河镇和德岭山镇的绵羊养殖量增长呈现负数，而牧区中巴音乌兰、新忽热、温更等苏木镇的绵羊数量呈逐年增长。可以得知，绵羊饲养的数量在逐渐增加，牧区的绵羊数量呈上升趋势。

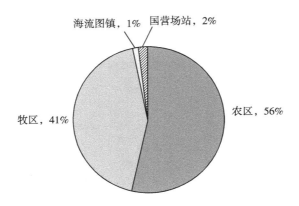

图 3-1　乌拉特中旗 2016 年绵羊养殖分布

资料来源：《内蒙古统计年鉴》。

3.3.2.2　羊肉和羊毛生产情况

2016年，全旗肉类总产量为18745吨，其中羊肉占86.87%，为16284吨，与2010年相比增加4214吨，与2014年羊肉产量相比虽然产量有所增加，但在肉类总产量中所占比重下降0.42个百分点。而绵羊毛产量呈现V形发展趋势，2014年增长之后2016年绵羊毛产量有所回落。这是因为几年来羊肉价格市场波动较大，而牛肉价格相对稳定，很多人开始饲养西门塔尔牛，因为该品种的利润空间较大。另外，饲养牛比较方便也是一个原因，自实施"禁牧"政策和"草畜平衡"政策以来，许多农民选择到旗里找工作，禁牧期限到了之后一部分人在旗内的工作已经较为稳定，所以养牛更为方便。

从羊肉的增长速度来看，计算2014～2016年的羊肉产量增长速度，发现养殖量的增长速度要快于羊肉生产的增长速度，可以得知全旗羊肉产量的增加主要依靠养殖数量的增加，如表3-9所示。

表3-9　乌拉特中旗畜禽产品产量　　　　　　　　单位：吨，%

	2010年	2014年	2016年	增长速度
肉类产量总计	15220	16330	18745	0.23
猪肉	2028	1098	1165	−0.43
牛肉	339	681	955	1.82
羊肉	12070	14222	16284	0.35
禽肉	783	329	341	−0.56
毛、绒类产品总计	2586	3590	2967	0.15
山羊毛	34	24	24	−0.29
山羊绒	226	302	288	0.27

	2010 年	2014 年	2016 年	增长速度
驼绒	3	4	5	0.67
绵羊毛	1253	1630	1325	0.06
细毛羊	229	359	292	0.28
半细毛羊	841	1271	1033	0.23

资料来源：《内蒙古统计年鉴》。

3.3.2.3 绵羊种业情况

乌拉特中旗的改良工作主要以山羊和绵羊为主，品种改良主要以苏尼特羊、巴美肉羊和德国美利奴羊为主。目前中旗共有 10 个种畜场，其中，巴美肉羊种羊场 5 个，苏尼特羊种羊场 1 个，二狼山白绒山羊种羊场 4 个。据统计数据中基础母畜存栏、年生产种公畜数量和现种公畜存栏数可以看出全旗主营巴美肉羊的种羊场规模更大，种公羊供应能力更强。在 6 个绵羊种羊场巴美肉羊占多数，其中，农民顺和祥园已经成为非常成熟的种畜场，获得了自治区级认证，而现代羊业农民专业合作社种羊场、苏尼特种羊场、石哈河种羊场和兴牧源巴美肉羊繁育场为市级认证的种羊场。其中现代羊业农民专业合作社种羊场是散户经营，石哈河种羊场新建立不久。现在主要经营二狼山白绒山羊的乌拉特中旗同和太种畜场在早期开展改良工作时曾担负供应全盟种公羊的重任，全旗早期大力开展改良时承担着细毛羊和半细毛羊改良与品种培育的工作，后来在培育巴美肉羊时也发挥了一定的作用。后期同和太种畜场逐渐转向专营绒山羊，为更好地培育绒山羊，北平纺织公司对同和太种畜场注资后合作经营，北平纺织公司提供技术人员及技术指导。

全旗种羊场在建立之初几乎都没有相应的政策和补贴，2010年前没有种公羊补贴，虽然培育出种公羊但销售困难，而且培育数量少，每年培育数量只有 20~30 只。2010 年有补贴项目后种公羊培育成为重点。种羊场的种公羊都带有耳标和对应系谱档案。种羊场每卖给农户 1 只种公羊，为农户补贴 800~1600 元，绵羊由种公羊补贴，山羊由自治区绒山羊保种补贴。从大力发展种公羊培育，发展到目前全旗已有较多数量的种公羊，如表 3-10 所示。

表 3-10　乌拉特中旗种畜禽场基本情况　　　　单位：只

种畜场名称	经营种畜品种	基础母畜存栏	年生产种公畜数量	种公畜存栏
乌拉特中旗农民顺巴美肉羊育种专业合作社	巴美肉羊	2400	1200	680
乌拉特中旗祥园巴美肉羊专业育种合作社	巴美肉羊	1900	1100	650
乌拉特中旗现代羊业农民合作社种羊场	巴美肉羊	1100	650	580
乌拉特中旗石哈河种羊场	巴美肉羊	1020	508	430
兴牧源巴美肉羊繁育场	巴美肉羊	330	330	330
乌拉特中旗苏尼特种羊场	苏尼特羊	300	120	6
乌拉特中旗二狼山白绒山羊种羊场	二狼山白绒山羊	550	200	40
巴彦淖尔市同和太种畜场	二狼山白绒山羊	730	300	290

续表

种畜场名称	经营种畜品种	基础母畜存栏	年生产种公畜数量	种公畜存栏
乌拉特中旗杭盖戈壁生态白绒山羊繁育基地	二狼山白绒山羊	325	66	130
内蒙古牧科院巴音哈太白绒山羊种羊场	二狼山白绒山羊	330	35	33

资料来源：乌拉特中旗改良站。

3.4　本章小结

中华人民共和国成立以来，内蒙古自治区的良种化工作全面展开，初期的良种化工作由自治区全面负责，统一规划，建立国营场站，指导配种并推广技术（以人工授精技术为主），国内外引进新品种等。考虑到地方也有许多优良品种，在育种时从两个方面入手，同时注重纯种繁育和杂交繁育。1956年，良种化工作开始渗透到基层，为调动群众良种化积极性，在地市、旗县、苏木镇、公社以及生产大队建立场站，将兽医、草原、改良三站整合为综合服务中心建立。由自治区规划指挥，提供专业技术人员和技术支持，调动全民参与良种化工作。同时加快推出各种管理实施政策、细则出台，对良种化工作进行有效监督和管制。在这种省级统一规划、下级实施的良种化运行机制下内蒙古自治区的良种化发展迅速，从无到有，从小规模到大规模，全区良种管理逐步成熟朝法制化方向发展。

从良种化工作开展初期至今，取得了许多成就，农区、牧区的良种覆盖率快速增加，品种性能有了很大改善，产毛量和产肉量都增加了不少，农户的养殖思想也有了较大的转变，从初期的不相信到后来的积极参与，这与当时的统一规划组织有着密不可分的联系。毋庸置疑的是良种化的发展促进了畜牧业的发展，可以明显看到经济效益的增加，但其中还存在一些问题，张晓玲（2015）认为，初期开展的绵羊改良工作在统一组织下进展迅速，但还是存在一些组织管理上的问题，与笔者在整理历史资料时发现的问题一致，第一，贯彻执行无法渗透到基层，当时大部分基层工作人员对良种化、改良、人工授精的了解也非常少，可能会存在一些组织领导上的误差。第二，配种站建设过于分散，在整理资料时发现基层配种站在建成之后 2~3 年，基层的积极性刚被调动配种站就被撤掉了，人工授精技术没有得到很好的推广。第三，过于追求产量，20 世纪 80 年代包产到户实行之后，农户自行开始配种，受到市场导向的影响，农户根据羊毛羊肉价格进行引种，导致后期的良种化进入了无序的状态。第四，农户不相信技术人员的问题，初期的绵羊配种都是将羊赶到配种站由技术人员进行人工授精，但当时的农户对此不太相信。这些问题在良种化进程中逐渐体现了出来。

4 乌拉特中旗农户种公羊选用行为分析

本章以乌拉特中旗为例（见图4-1），通过问卷调查和实地访谈分析全旗种公羊繁育的发展特征、农户对种公羊选用行为以及认知。问卷调查主要针对农户的种公羊选择和种公羊使用行为，包括三个内容：首先为农户的基本信息，包括农户所在苏木镇、民族、年龄、放牧年限、学历、小畜养殖规模、现有绵羊养殖数量、种公羊和母羊数量以及品种等；其次为农户种公羊选择和用种行为部分，对于农户的种公羊购买渠道、配种方式、种公羊购买频率、在购买种公羊时选择偏好等；最后为农户对种公羊选用相关认知。

图4-1 乌拉特中旗种羊场情况

资料来源：实地调研照片。

4.1 调研地区特点及样本分布情况

本书自2020年2月实施农户抽样调查，共发放148份问卷，收回135份，问卷有效率为91%。牧区面积大而且近年来绵羊养殖量明显增加，因此牧区问卷居多，农区偏少。牧区共收回问卷127

份，农区 8 份。收回的 127 份牧区问卷中，巴音乌兰苏木有 64 份，占 47.41%；温更镇有 35 份，占 25.93%；川井有 11 份，占 8%；甘其毛都有 7 份，占 5%；新忽热有 4 份，占 2.96%；呼勒斯太有 4 份，占 2.96%。在农区收回的问卷中，乌加河镇有 6 份，分别是红光胜利村 1 份、联丰奋斗村 4 份、石兰计村有 1 份；德岭山镇苏独仑村有 2 份；同和太种畜场牧业分场有 2 份。牧区具体问卷的嘎查村分布情况如表 4-1 所示。

表 4-1　牧区问卷的嘎查村分布情况

巴音乌兰苏木		温更镇		川井		甘其毛都		新忽热		呼勒斯太	
64		35		11		7		4		4	
阿日呼都格	1	巴音满都呼	1	阿木斯尔	1	巴音查干	6	巴音温都尔	1	巴音吉拉嘎	—
巴音敖包	1	宝格图	3	巴音河	—	德日苏		百兴图		宝格达	
巴音宝日	1	哈日朝鲁	9	巴音呼都格	1	甘其毛都		查干敖包		达格图	
巴音查干	15	呼日木图	21	白同	4	呼格吉乐图		哈太		哈拉葫芦	
东达乌素	1	矿区社区		宝日汗图	—	图古日格	1	毛其格		哈拉图	
呼鲁斯	3	希日朝鲁	1	哈拉图	4	伊很查干		牧仁	1	韩乌拉	
吉日嘎楞图	—			沙布格				那日图		呼和	
努和日乐	1			沙如拉塔拉	1			苏龙格图		呼鲁斯太	2
桑根达来	4							乌兰朝鲁	1	前达门	
图克木	13							希热	1	团结	
乌兰额日格	3							朱斯木乐		温更	
乌兰格日乐	—									乌珠尔	2
乌兰温都尔	5									希博图	—
乌力吉图	10									义和久	—

续表

巴音乌兰苏木		温更镇		川井		甘其毛都		新忽热		呼勒斯太	
新尼乌素	1										
伊和宝力格	5										

资料来源：根据调查问卷整理。

巴音乌兰苏木、温更镇、川井、甘其毛都、新忽热和呼勒斯太均以牧业为主体的苏木镇，从事畜牧业人口占各苏木镇人数的80%以上，巴音乌兰苏木自然草场面积945.9万亩，饲料草地21133亩。温更镇可利用草场252.8万亩，饲料草地16060亩。川井总面积286.95万亩，其中，无水草场面积有8.608万亩。甘其毛都草场面积632.2万亩。新忽热可利用草场面积390.4万亩。呼勒斯太除了大面积的草场外，还有部分耕地，以牧为主，是农牧结合的苏木。

据2016年末牲畜养殖数量统计，巴音乌兰苏木总计有101964只绵羊、123280只山羊。虽然山羊数量多于绵羊，但差距并不大，同2014年统计数据相比，绵羊养殖数量增长率为35.08%，山羊养殖数量增长率为9.68%，绵羊养殖数量在快速增长。温更镇绵羊养殖数量为18933只，山羊为90917只，与2014年相比，绵羊养殖数量增长率为36.62%、山羊为8.19%。川井绵羊养殖量为30457只、山羊为46478只。与2014年相比，绵羊和山羊养殖量均有所减少。甘其毛都绵羊养殖量略高于山羊，但与2014年相比，小畜养殖数量都有所减少，且山羊减少量更多。新忽热绵羊养殖量为54224只，山羊为97957只，与2014年相比，绵羊、山羊养殖量均有所增加，但绵羊增长率略快于山羊。

呼勒斯太比起其他牧业苏木镇山羊数量更多,绵羊养殖量为17398 只,山羊为 88847 只。与 2014 年相比,养殖量均有增加,但山羊养殖量增长率更快。根据上述数据可以得知,乌拉特中旗以牧业为主体的苏木镇仍旧是以养殖山羊为主,但近年来绵羊的养殖量明显在快速地增加。乌拉特草原的本地羊是指蒙古羊,乌拉特草原的蒙古羊无膻味,肉质鲜美,尤其以温更镇为最优。

乌加河镇和德岭山镇为农业镇,以农业为主。乌加河镇为典型的农业镇,耕地面积为 44.7 万亩。德岭山镇耕地有 50.5 万亩。2016 年末,乌加河镇有 94203 只绵羊、43807 只山羊。与 2014 年相比,养殖数量明显减少,且绵羊的减少速度更快。德岭山镇有103291 只绵羊、36812 只山羊。与 2014 年相比数量减少,绵羊减少速度较快。根据数据得知农业区的绵羊养殖量更多,主要是因为农区有大量的肉羊养殖场和育种场。乌加河共有 17 家肉羊养殖场、2 家育种场。德岭山有 28 家肉羊养殖场、1 家育种场。主要养殖品种为巴美肉羊和寒蒙羊①。

4.2 样本基本特征

调查问卷以户为单位,受访的 135 户农户中蒙古族户数占86.67%,汉族户数占 13.33%。从年龄结构来看,目前全旗从事养殖业人员不论是牧区还是农区,其年龄主要在 30~60 岁,尤其在41~50 岁的养殖人员为最多,占比 43.70%。其次是 51~60 岁年龄

---

① 寒蒙羊为寒羊和蒙古羊的杂交品种。

段的农户，占比 26.67%。养殖人员中老年占重要地位，趋向于老龄化，如表 4-2 所示。

表 4-2 调查样本年龄结构　　　　单位：户，%

年龄段	样本量	占比
20~30 岁	9	6.67
31~40 岁	29	21.48
41~50 岁	59	43.70
51~60 岁	36	26.67
61~70 岁	2	1.48

资料来源：根据调查问卷整理。

　　从放牧经验年限来看，有 1~10 年放牧经验的农户占比为 20.74%，11~20 年的占比为 25.19%，21~30 年的占比为 37.04%，31~40 年的占比为 14.07%，41~50 年的占比为 2.96%。全旗主要以 21~30 年放牧经验的农户居多，其次是 1~20 年放牧经验的农户。拥有 30 年以上放牧经验的农户占比较少，只有 17.00%。

　　从受教育程度来看，受访农户受教育程度主要集中在初中和高中，拥有初中学历占比为 42%，高中学历占比为 30%，其次是大专和小学，大专学历占比为 12%，小学学历占比为 11%，本科及以上学历占 5%，可以看出，受访农户的受教育程度处于中等水平，如图 4-2 所示。

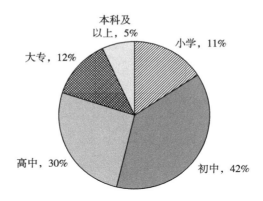

图4-2 样本受教育水平情况

资料来源：根据调查问卷整理。

从养殖规模来看，小畜养殖数量为 100 只以下规模的占 5%，101~200 只养殖规模的占 35%，201~300 只养殖规模的占 33%，301~400 只养殖规模的占 16%，400 只以上养殖规模的占 31%（见图 4-3a）。乌拉特草原相较于内蒙古其他草原面积并不大，自"草畜平衡"政策实施以来，草场面积进行减畜，因此养殖数量也就相对减少。从统计数据来看，全旗的山羊养殖一直是占据主要地位，但近年来绵羊养殖数量呈现明显增加趋势，受访农户中绵羊养殖量在 100 只以下的占 45.19%，养殖量在 101~200 只的占 41.48%，养殖量在 201~300 只的占 11.85%，养殖量在 300 只以上的占 1.48%。计算每户绵羊养殖量在小畜总量中所占比重发现受访农户中 62% 的农户绵羊养殖量多于山羊（见图 4-3b），纯养殖绵羊的农户有 6.67%。135 户农户的绵羊在小畜总量中的平均占比为 55%。农户对于绵羊、山羊养殖的选择除了畜产品的价格这一决定因素外，还有环境的原因。部分地区为丘陵地带，如呼勒斯太苏木，山羊显然更加适合山峰多的地区，而地势平坦的地区选择饲养绵羊的农户居多。

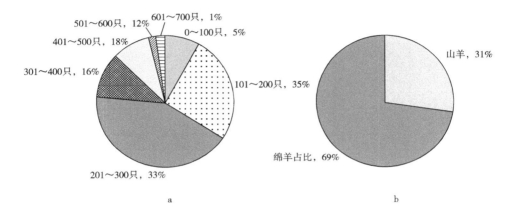

图4-3 小畜养殖规模结构和种类结构

资料来源：根据调查问卷整理。

从农户小畜养殖规模可以看出，101～200只养殖规模的占35%，201～300只养殖规模的占33%。养殖规模属于中等水平。从小畜的养殖种类可以看出，受价格、环境及地势等因素的影响，养殖绵羊的农户占比较多。

受访农户的种公绵羊数量是由母畜数量多少来决定的，根据问卷统计，受访农户的母畜数量在100只以下的占57.78%，101～200只的占39.26%，201～300只的占2.22%，300只以上的占0.74%，如表4-3所示。各农户绵羊母畜饲养数量12只到320只不等，牧区母畜饲养量较多，农区偏少，如表4-4所示。计算受访农户平均多少只母畜配1只种公羊，最小值为12只，最大值为180只，平均值为53.89只。1只种公羊配50只母畜或以内的占57.04%，

51~100 只的占 38.52%，101 只以上的占 3.7%。可以得知大部分农户平均为 50 只母畜配一只种公羊。

表 4-3　农户饲养种公羊及母羊数量情况　　　　单位：户,%

种公羊数量	样本量	占比	母畜数量	样本量	占比
1	40	29.63	100 只以下	78	57.78
2	66	48.89	101~200 只	53	39.26
3	19	14.07	201~300 只	3	2.22
4	9	6.67	300 只以上	1	0.74
5	1	0.74			

资料来源：根据调查问卷整理。

表 4-4　绵羊母畜和种公羊基本信息统计　　　　单位：只

	极小值	最大值	平均值
绵羊母畜数量	12	320	104.12
绵羊种公羊数量	1	5	2.01

资料来源：根据调查问卷整理。

据种公羊品种结构的统计发现，选择寒羊作为种公羊的占比少于本地羊品种，选择本地羊为种公羊的占 43%，寒羊为 4%。以其他品种作为种公羊的比重有所增加，苏尼特羊为 12%、巴美肉羊为 14%、杜泊为 10%、二寒羊为 9%、新疆细毛羊为 7%，其中，有两户受访户饲养萨福克羊作为种公羊。而除农区外，巴美肉羊、二寒羊等繁殖力强的肉用型品种也成了牧区多见的品种（见图 4-4a）。

据受访农户饲养绵羊品种统计发现，农户选择养殖最多的品种是本地羊（见图 4-4b），但饲养品种结构不同，72.59% 的农户饲养品种结构单一，只饲养一个品种。28.14%的农户所饲养的品种种类在2个或者2个以上。而牧区和农区的饲养种类有所不同，牧区通常会选择肉毛兼用品种，常见品种为本地羊，就是指蒙古羊，而农区以繁殖力较强的品种为主，例如寒羊、寒蒙羊或巴美肉羊。

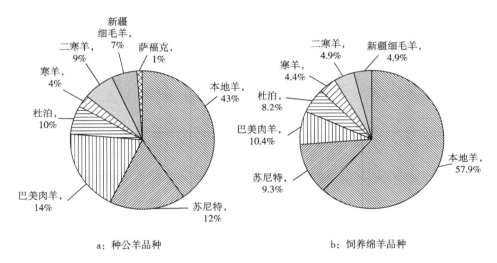

a：种公羊品种   b：饲养绵羊品种

图 4-4　饲养品种结构

资料来源：根据调查问卷整理。

从饲养品种结构可以看出，饲养结构单一，杂乱无序。从种公羊品种结构可以看出，以本地羊为主，改良品种占极少数。

4.3　农户种公羊选用行为

4.3.1　农户选用种公羊的依据

种公羊是生产环节的关键，近年来，随着市场上各类畜产品价格的波动，农户在选择种公羊时也会以市场价格为出发点来选择使用肉用型种公羊、毛用型种公羊或者肉毛兼用型种公羊。在问卷调查时为农户列出了种公羊的繁殖能力、胴体重量、抗病能力、体型外貌、耐粗饲、肉质口感、是否适合自家养殖环境、羊毛细度以及综合育种能力等特性，以此分析农户在选择种公羊时更加注重种公羊的哪些性能。根据统计分析发现，在受访农户中，超过一半的农户在挑选种公羊时，首先更加注重该种公羊是否与自家养殖和生产环境相适应，占 55.56%。然后是体型外貌、肉质口感、抗病能力、繁殖能力、羊毛细度、胴体重量和综合育种能力。在农户认为最重要的 5 个性能中是否与自家养殖条件相适宜仍旧排在第一位，占78.52%。但其他性能的排列顺序与之前所述不同，抗病能力成为第二个认定重要的性能，占 75.56%。然后是体型外貌、繁殖能力、胴体重量等特性。可以看出适合自家养殖条件、体型外貌、抗病能力和繁殖能力是农户最为关注的焦点。

将牧区与农区分开统计，发现牧区受访户在挑选种公羊时更注重是否适宜自家养殖条件，然后是体型外貌、抗病能力、肉质口感、繁殖能力、羊毛细度、胴体重量、综合育种能力、耐粗饲。而农区受访户在挑选种公羊时认为最重要的特性依次是繁殖能力、抗病能力、综合育种能力、适宜自家养殖条件、肉质口感、胴体重量、羊毛细度、体型外貌、耐粗饲。

按照下列 9 个特性，牧区受访户认为最重要的 5 个特性是适宜自家养殖条件、抗病能力、体型外貌、肉质口感、繁殖能力。农区受访户认为最重要的 5 个特性是繁殖能力、抗病能力、适宜自家养殖条件、肉质口感、胴体重量。

牧区和农区受访户对于种公羊性能重要看法的共同点认为耐粗饲排在最末位，说明牧区和农区受访户都愿意在饲草料方面投入，如表 4-5 所示。

表 4-5　农户种公羊选择倾向　　　　　　单位：户，%

挑选时最注重的性能	样本量	占比	认为最重要的 5 个性能	样本量	占比
繁殖能力	58	42.96	繁殖能力	79	58.52
胴体重量	40	29.63	胴体重量	72	53.33
抗病能力	60	44.44	抗病能力	102	75.56
体型外貌	65	48.15	体型外貌	84	62.22
耐粗饲	22	16.30	耐粗饲	30	22.22
肉质口感	61	45.19	肉质口感	69	51.11
适合自家养殖条件	75	55.56	适合自家养殖条件	106	78.52
羊毛细度	48	35.56	羊毛细度	54	40.00
综合育种能力	38	28.15	综合育种能力	59	43.70

资料来源：根据调查问卷整理。

　　从农户在选用种公羊的性能偏好中可以看到，繁殖能力这一特性虽然不是农户最为关注的焦点，但仍旧有多数人选择这一特性。在与种羊场负责人交谈中得知全旗目前在进行两年三产实验和巴美肉羊多胎品系的选育，对于多产多胎农户持不同看法，除 5.19% 的农户对多胎多产不感兴趣外，35.55% 的农户愿意尝试，32.59% 的农户认为多胎多产可以实现但效果不好，13.33% 的农户认为实现的可能较小。虽然农户有着尝试意愿，但 54.81% 的农户认为这种多胎多产会对母畜造成非常大的损伤，如表 4-6 所示。可见，农户的改良行为受多种因素的影响而很难彻底实现。

表4-6   对于两年三产的看法   单位：户，%

看法	样本量	占比
愿意尝试	48	35.55
可以实现但效果不好	44	32.59
实现的可能较小	18	13.33
对母畜损害较大	74	54.81
不感兴趣	7	5.19

资料来源：根据调查问卷整理。

4.3.2   信息获得与技术培训

科学选用种公羊关系到羔羊质量，乃至整个羊群的数量及质量。而关于选用种公羊的各类专业知识、信息等方面，农户的获取渠道有多种，有从行政机构、育种机构等发布的信息获取相关知识；有依靠社会人员之间的交流获得信息，包括身边亲朋好友与专家；还有自身养殖经验的积累以及从网络媒体等渠道获知。对比几类获取信息渠道发现，农户不会单一地从某一类渠道获取与种公羊选用相关的知识，农户获知信息的渠道多样。对比四类渠道发现，占比最多的是来自与亲朋好友交流，其次是多年养殖经验的积累，最后是网络媒体的渠道。从各个渠道来看，农户选用种公羊的知识多来自与亲朋好友交流，然后是通过政府、改良站的信息发布、多年养殖经验的积累以及社交媒体等，如表4-7所示。

表4-7 种公羊选用信息获取渠道   单位：户，%

渠道	分类	样本量	占比
行政部门、育种机构	政府、改良站发布的信息	74	54.81
	种羊场发布的信息	33	24.44
	合作社发布的信息	19	14.07
与人交流	与亲朋好友交流	88	65.19
	与专家交流	23	17.04
	种羊贩子	16	11.85
网络媒体	社交媒体（微信）	41	30.37
	电视	30	22.22
经验积累	多年养殖经验积累	65	48.15

资料来源：根据调查问卷整理。

在农户选用种公羊行为中，政府及育种机构未能极大地发挥引导与带领作用。更多的农户依然选择与亲朋好友交流获取信息。

关于种公羊出售及其性能的信息方面，受访者中对于这类信息的获取渠道和种公羊选用一样，更多的是通过与亲朋好友交流、互相通知得知，占比为61.48%。然后是政府、改良站通知，占比为58.52%，31.11%的农户可以通过社交媒体获取消息，28.15%的农户是通过种羊场的宣传获取消息，19.26%农户是利用电视获取信息，如表4-8所示。

表4-8 获取出售和性能相关信息的渠道   单位：户，%

获得出售和性能相关信息的渠道	样本量	占比
与亲朋好友交流	83	61.48
政府、改良站通知	79	58.52
社交媒体	42	31.11

续表

获得出售和性能相关信息的渠道	样本量	占比
电视	26	19.26
种羊场宣传	38	28.15

资料来源：根据调查问卷整理。

　　农户选用种公羊的信息获取渠道多样，但专业的培训机会较少，受访户中只有20%的农户接受过此类培训，而80%的农户没有接受过关于种公羊选用的培训。培训提供方分别是育种企业、政府或改良站、种羊场、合作社，其中接受育种企业和政府、改良站培训的农户居多。经过统计分析，有40%的农户认为不太容易接触到新技术和培训机会，但23%的农户认为如果有机会，可以非常快地学习并掌握新技术，39%的农户认为可以较快地学习并掌握新技术，33%的农户认为学习新技术不是很容易，如图4-5所示。

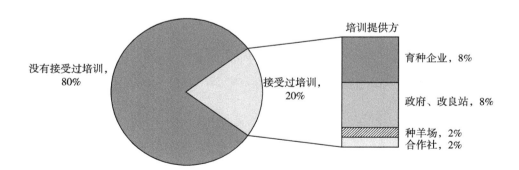

图4-5　种公羊培训接受分类

资料来源：根据调查问卷整理。

　　无论是种公羊的选择、出售信息的获取还是选用种公羊的培训方面，都需要政府及企业、机构的大力支持与正确引导，让农户做出正确的选择而带来更高的经济效益。

4.3.3 农户的种公羊购买行为

4.3.3.1 购买季节

通过统计发现农户种公羊购入的季节分散，而且农户购入季节也不固定，不会每年都选在一个季节购入种公羊。在秋季购入种公羊的农户有 39.26%，春季购入的有 32.59%，不分季节购入的有 22.96%，夏季购入的有 20.00%，选择在冬季购入种公羊的农户只有 7.41%，如表 4-9 所示。

表 4-9　获取出售和性能相关信息的渠道　　　单位：户，%

种公羊购入季节	样本量	占比
春季	44	32.59
夏季	27	20.00
秋季	53	39.26
冬季	10	7.41
不分季节	31	22.96

资料来源：根据调查问卷整理。

种公羊养殖管理中应确保营养价值全面，在配种前 1.5 个月加强营养（唐武龙，2020），并且母羊在冬季时很少发情，因此适合在春夏季节配种。从受访农户的购买种公羊的季节来看，秋季为最多。从以上的一般理论来分析，不是很合理的购买行为。

4.3.3.2 购买频率

种公羊的使用是有时限的，过长时间地使用同一种公羊会使羊群的质量下降。因此以年为单位，农户会隔几年购买种公羊。受访农户中62.22%的农户两年购买一次种公羊，20.00%的农户一年购买一次，17.78%的农户三年购买一次，如表4-10所示。

表4-10 种公羊购买频率 单位：户，%

种公羊购买频率	样本量	占比
一年一次	27	20.00
两年一次	84	62.22
三年一次	24	17.78

资料来源：根据调查问卷整理。

4.3.3.3 购买渠道

农户的种公羊购买渠道多样，且不会只坚持一种购买渠道，除正规的育种机构外，还有从相熟的农户购买、串换以及自己培育等选项。比较常见且被多数农户选择的购买渠道是从种羊场和向亲朋好友购买，从种羊场的购买渠道可以分为两类，一类是农户直接联系种羊场购买，另一类是通过政府、改良站等行政部门的协调购买带有补贴的种公羊。直接联系种羊场购买种公羊与经过政府、改良站的协调从种羊场购买种公羊相比价格要更高，但还是有很多人选择以此渠道购买。经过统计发现主要原因是挑选更好品质的种公羊。从育种公司购买渠道和自己培育较为少见，农户相互串换种公羊在以前较为常见，随着人们对种公羊的重视，该种方法越来越少，但还是有少数人选择此类方法，如图4-6所示。

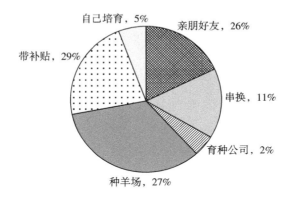

图 4-6　种公羊购买渠道

资料来源：根据调查问卷整理。

　　上述购买渠道是农户在一般情况下的常见选择，除此之外，有时农户会出于尝试或比较的目的选择其他不常使用的购买渠道。因此对于是否曾从育种公司、亲朋好友和外地购买过种公羊进行了调查和分析。

　　（1）是否从育种公司购买过种公羊。

　　135 户受访农户中有 37 户曾从育种公司购买过种公羊，乌拉特中旗范围内并没有育种公司，最近的育种公司位于邻县五原县和临河区。因此询问为何向育种公司购买种公羊，其中最主要的原因是农户认为育种公司的种公羊性能更好，然后是因为育种公司的可选品种多一些。前面在基本情况中介绍到目前乌拉特中旗境内设有的几家种羊场主要经营品种为巴美肉羊、二寒羊和苏尼特羊，调研饲养绵羊品种时发现，除了这些品种外农户还饲养着不少其他品种，因此农户会为了更多羊种挑选而从育种公司购买种公羊。

而其他 98 户农户不从育种公司购买种公羊的最主要原因，一是育种公司的种公羊价格普遍较高；二是本地没有育种公司；三是认为育种公司不在本地，怀疑其所出售的种公羊会不适宜自家的养殖环境和条件；四是有部分人不知道育种公司这一购买场所，如表 4-11 所示。

表 4-11　选用育种公司购买种公羊　　　　　　单位：户，%

是否从育种公司购买过种公羊	样本量	原因	样本量	占比
是	37	性能更好	21	56.76
		选择多	18	48.65
		有优惠	10	27.03
		提供售后	3	8.11
否	98	价格高	33	33.67
		本地无育种公司	32	32.65
		不知道育种公司	17	17.35
		与自家生产情况不符	30	30.61
		没有购买途径	1	1.02
		对育种公司不了解	1	1.02
		喜欢本地羊	1	1.02

资料来源：根据调查问卷整理。

（2）是否从亲朋好友处购买过种公羊。

受访的 135 个农户中有 77 户曾经从亲朋好友处购买过种公羊，从亲朋好友处购买种公羊也是农户的一个购买渠道。严格来说从亲朋好友处购买种公羊并不正规，但还是有许多人选择这一购买渠道，究其原因，一部分人认为方便，另一部分人认为因为是熟人所以品质有保证，还有就是价格较低。

与上述相反的是，不从亲朋好友处购买种公羊的原因是对亲朋好友家的种公羊性能不了解，还认为亲朋好友家的种公羊性能不如专业育种单位或机构，如表 4-12 所示。

表 4-12　是否选用亲朋好友购买种公羊　　　　单位：户，%

是否从亲朋好友处购买过种公羊	样本量	原因	样本量	占比
是	77	方便	48	62.34
		品质有保证	38	49.35
		价格低	28	36.36
否	58	对性能不了解	40	68.97
		性能不如专业机构	24	41.38
		引种来源无法保证	1	1.72

资料来源：根据调查问卷整理。

（3）是否从外地购买过种公羊。

受访农户中只有 31 户从外地购买过种公羊。从外地购买种公羊的原因与从育种公司购买一样，认为性能更好，为了购买其他品种。不愿意从外地购买种公羊的原因：一是不方便；二是怀疑外地种羊场的种公羊不适合自家生产和养殖条件；三是不了解外地种羊场情况，如表 4-13 所示。

表 4-13　是否从外地购买过种公羊　　　　单位：户，%

是否从外地购买过种公羊	样本量	原因	样本量	占比
是	31	性能更好	18	58.06
		价格优惠	4	12.90
		购买其他品种	17	54.84

续表

是否从外地购买过种公羊	样本量	原因	样本量	占比
否	104	不方便	59	56.73
		不了解外地情况	30	28.85
		不符合养殖条件	34	32.69
		运输成本高	20	19.23
		价格高	24	23.08

资料来源：根据调查问卷整理。

4.3.3.4 购买价格

根据问卷统计受访农户正在使用的母畜和种公羊的价格，受访农户中 7.41% 的农户的母畜是自繁的，1.48% 的农户的母畜购入价格是由购入当年的市场价格决定的。另外，91.10% 的农户的母畜购入价格中最小值为 100.00 元，最大值为 3000.00 元，平均购入价格为 1162.85 元。除 1 户是按照当年种公羊市场价外，99.26% 的农户正在使用的种公羊购入价格中最小值为 150.00 元，最大值为 20000.00 元，平均购入价格为 2605.37 元，如表 4-14 所示。

表 4-14　母羊与种公羊的价格　　　　　单位：户，元

	样本量	极小值	最大值	平均值
正在使用的母畜购入价格	123	100.00	3000.00	1162.85
正在使用的种公羊的价格	134	150.00	20000.00	2605.37

资料来源：根据调查问卷整理。

4.3.3.5 购买手续及程序

在购买种公羊时有 86% 的农户会索要相关证明，例如畜禽检验证明、检疫合格证明和系谱，统计发现，在索要相关证明的农户

中，41%的农户会索要检疫合格证明，25%的农户会索要畜禽检验证明，20%的农户会索要系谱，14%的农户不会索要任何证明，如图4-7所示。

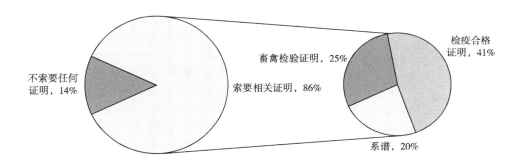

图4-7 索取种公羊检验证明分布

资料来源：根据调查问卷整理。

在购买过程中14.07%的农户与供种机构发生过争议，争议产生的主要原因是购买方认为种公羊质量不好，对于争议大部分会选择与供种方协商解决问题，如表4-15所示。

表4-15 购买过程中发生争议情况 单位：户，%

购买种公羊时是否出现过争议	样本量	占比
是	19	14.07
否	116	85.93

资料来源：根据调查问卷整理。

在受访农户中，28.89%的农户在购买过程中是不签订合同的。在签订合同的农户中，合同内容涉及最多的是价格因素，占

54.07%，其次是交易数量，占 45.19%，种公羊的性能和一般情况占比最少，为 24.44%，如表 4-16 所示。

表 4-16　购买种公羊时是否签订合同及合同内容　单位：户，%

是否签订合同		样本量	占比
不签订合同		39	28.89
购买种公羊时签订合同内容	价格	73	54.07
	交易数量	61	45.19
	交易方式	48	35.56
	违约责任	22	16.3
	售后服务内容	33	24.44
	性能和一般情况	33	24.44

资料来源：根据调查问卷整理。

从分析中得知，农户购买种公羊最关心的不是种公羊的性能和一般情况，而是价格、交易数量等因素。从而可以反映出在农户购买种公羊时，最主要的影响因素是价格、交易数量等因素。

4.3.4　农户的种公羊使用行为

4.3.4.1　配种方式的选择

乌拉特中旗本地种公羊数量多，所以农户对人工授精的需求非常少。而且认为本交的产羔率更高、质量更好。目前乌拉特中旗人工授精成功率在 80% 以上，改良站会无偿为牧户提供人工授精，人工授精所需的药品和其他都是项目提供的，不收费。即使如此，愿意进行人工授精的牧户也较少，一年只有 2~3 户。人工授精是一个比较耗费人力的工作，放酸、测酸和打针输精时都要抓羊，在人工授精过程中，一个小细节的错误都会影响到受胎率，是一个需要技术纯熟度的工程。受访的 135 户中只有 9 户曾使用过人工授精技术，如表 4-17 所示。

表 4-17　使用人工授精情况　　　　　　　　单位：户，%

是否使用人工授精技术	样本量	占比
是	9	6.67
否	126	93.33

资料来源：根据调查问卷整理。

　　使用过人工授精的 9 户农户都认为自己对人工授精比较了解，也认同人工授精技术可以提高养殖经济收入，同时 88% 的农户认为人工授精比自然交配效果更好。使用人工授精技术后 80% 的农户对其效果是满意的，除这 9 户外，其他 126 户农户不愿意使用人工授精技术的主要原因是对人工授精方法的了解太少（见表 4-18）。虽然全旗使用人工授精的农户非常少，但 64.29% 的农户（见表 4-19）认同人工授精可以提高养羊的经济效益这一观点，不过在对自然配种和人工授精两种配种方式进行选择时，大部分的农户仍旧选择自然配种，坚持选择自然配种方式的农户占 78.57%（见表 4-20）。

表 4-18　不愿意使用人工授精理由　　　　　　单位：户，%

不愿意使用人工授精的理由	样本量	占比
不了解	77	58.78
不适合	40	30.53
成功率不高	18	13.74
不想使用	48	36.64

资料来源：根据调查问卷整理。

表4-19　人工授精是否提高效益情况　　　　　单位：户，%

认为人工授精是否可以提高收益	样本量	占比
是	81	64.29
否	45	35.71

资料来源：根据调查问卷整理。

表4-20　自然交配与人工授精的比较情况　　　　单位：户，%

自然交配比人工授精更好	样本量	占比
是	99	78.57
否	27	21.43

资料来源：根据调查问卷整理。

从上述分析发现，农户在对自然配种和人工授精的选择上比较矛盾，大多数的农户认同人工授精的有效性，但在观念上仍旧倾向于自然配种方式，这种选择多是在没有使用过人工授精，对其不了解的基础上做出的选择。原因可能在于：一是全旗种公羊数量较多，而本交的产羔率更高、质量更好，对于人工授精的需求也就不多。二是全旗内有进行过人工授精的牧户，且成功率非常高，效果非常好，但因为步骤繁琐、耗费人力，进行了两年就放弃了。人工授精的效果有目共睹，但不方便导致大多数农户虽然肯定了人工授精但在选择上仍旧以自然配种为主。

4.3.4.2　种公羊使用情况

受访农户中大部分母畜会在3~4年后被淘汰，或生产3~5胎后被淘汰。58.52%的农户的种公羊会使用2年，27.41%的农户的种公羊会使用3年。在与改良站站长交谈中得知，种公羊最好的使用年限是2年，超过2年其性能发挥会不如以前。因此大多数的农户种公羊的使用时间是合理的，如表4-21所示。

表 4-21 种公羊淘汰年限情况　　　　　　　　单位：户，%

种公羊淘汰年限	样本量	占比
1	10	7.40
2	79	58.52
3	37	27.41
4	9	6.67

资料来源：根据调查问卷整理。

　　而对于种公羊性能的判断，47.41%的农户在购买种公羊后会观察种公羊每日体重增长情况（见表4-22），主要观察方式为观察其体型变化，这种观察方式虽然便捷但可能会有误差（见表4-23），中国羊业协会曾在报道中提到过，体型大不代表性能佳。

表 4-22 观察种公羊体重情况　　　　　　　　单位：户，%

是否每日观察种公羊体重变化	样本量	占比
是	64	47.41
否	71	52.59

资料来源：根据调查问卷整理。

表 4-23 观察种公羊体重变化情况　　　　　　　　单位：户，%

观察方式	样本量	占比
称重	2	3.12
观察体型变化	48	75
两者都有	14	21.88

资料来源：根据调查问卷整理。

4.3.4.3 种公羊饲喂和成本

为了让种公羊可以更好地发挥其性能，饲喂是极其重要的环节。部分农户补饲种类单一,有一半以上的农户都是"饲料+草"的补饲搭配。补饲量不等,饲料中量最少的为0.3两一日,最多的为2.5斤。饲草中量最少的为1.0斤,最多的为3.0斤。饲草的量比饲料的喂养量要多。根据统计发现受访户中购买玉米颗粒的农户最多,占77.78%。然后是玉米秸秆,占51.85%。牧草和苜蓿草分别占42.22%和34.07%,34.81%的农户还会购买精饲料,还有31.11%的购买葵花二流籽。农区有自耕地,可以自种部分饲草料,部分农户还会选择番茄皮为补饲的一种。牧区为半舍饲,在早或晚补饲,然后赶到草场采食。农区为舍饲、圈养,秋天在自种地收割之后赶到茬地,如表4-24所示。

表4-24 农户使用的饲料种类情况   单位:户,%

饲料种类	样本量	占比
玉米颗粒	105	77.78
玉米秸秆	70	51.85
牧草	57	42.22
苜蓿草	46	34.07
精饲料	47	34.81
葵花二流籽	42	31.11

资料来源:根据调查问卷整理。

每天的种公羊饲喂成本不等,除了有4户没有对自家每日种公羊饲喂成本进行过仔细核算外,其他农户都有准确或大概的成本。每户的补饲饲草料种类不同、数量不同,因此成本也有较大的差距。成本花费最少的大概0.5元每天,成本花费最多的34.0元每天，统计发现成本花费多的是饲料与草搭配喂养的农户。

在与种羊场场长交谈中得知，种羊场一天的种公羊饲喂量为1.5斤，农户对于饲草料的投入可以说明农户对于饲喂的重视程度。

4.4　农户对绵羊种公羊的认知

4.4.1　农户对于自家种公羊的认识

对于种公羊饲养，大部分农户都清楚自家适合养殖哪个品种的绵羊种公羊。36.30%的农户非常清楚自家适合养殖的品种，41.48%的农户比较清楚自家适合养殖的品种，19.26%的农户对于自家适合养殖的品种认知一般，2.22%的农户不太清楚应该饲养什么品种，0.74%的农户很不清楚适合品种（见表4-25）。

表4-25　农户对于自家种公羊的认识情况　　　　单位：户，%

对于自家种公羊的认识	样本量	占比
非常清楚	49	36.30
比较清楚	56	41.48
一般	26	19.26
不太清楚	3	2.22
很不清楚	1	0.74

资料来源：根据调查问卷整理。

4.4.2 农户对于自家购买的种公羊的满意度

21.48%的农户对于购入的种公羊非常满意，64.44%的农户对于购入的种公羊比较满意，13.33%的农户认为购入的种公羊一般，0.74%的农户对自家购入的种公羊不满意（见表4-26）。对于种公羊无法完全发挥性能的原因，63.7%的农户认为是草场的问题，草场生长不好，种公羊无法采食到足够或好的草。42.96%的农户认为是饲喂的原因，饲喂得不够好而使种公羊质量下降。31.11%的农户认为原因在于购入的种公羊与自家母畜不适配。20.74%的农户认为是配种环节的问题。

表4-26　农户对于自家购买的种公羊的满意度情况　　单位：户，%

对于自家购买的种公羊的满意度	样本量	占比
非常满意	29	21.48
比较满意	87	64.44
一般	18	13.33
不满意	1	0.74

资料来源：根据调查问卷整理。

育种作为整个羊产业的先决条件，对于整个生产环节起到重要的作用。62.96%的农户认同种公羊质量对养羊经济收入的提高非常重要，33.33%的农户认为比较重要，3.70%的农户认为一般，不怎么重要（见表4-27）。除了要有一个好的品种外，后期的饲喂和技术的采用也对种公羊质量和性能发挥非常重要，30.37%的农户认为养殖条件和技术对种公羊性能发挥有着非常大的影响，39.26%的农户认为影响比较大，28.15%的农户认为影响一般，

2.22%的农户认为没什么影响（见表4-28）。

表4-27　种公羊对于提高收入的作用　　　　　　　单位：户，%

种公羊对于提高收入的作用	样本量	占比
非常重要	85	62.96
比较重要	45	33.33
一般	5	3.70

资料来源：根据调查问卷整理。

表4-28　养殖条件和技术对种公羊功能发挥的影响　　单位：户，%

养殖条件和技术对种公羊功能发挥的影响	样本量	占比
非常重要	41	30.37
比较重要	53	39.26
一般	38	28.15
不太重要	3	2.22
不重要	0	0.00

资料来源：根据调查问卷整理。

4.5　农户对政府、合作社与企业带领作用的认识

在农户的养殖过程中是否有正确的引导与服务，对农户的养殖中也是一个不可或缺的环节。因此，需要了解农户行为背后的引导与带领作用的因素也十分必要。

受访农户中有27.41%的农户非常认同对于政府在种公羊选用

的过程中发挥的作用，甚至有 40.00% 的人比较认同政府在种公羊选用的过程中发挥的作用。从中可以看出，政府在种公羊选用的过程中发挥了很好的引导作用（见表 4-29）。

表 4-29 政府在种公羊选用的过程中发挥的作用　　单位：户，%

政府（改良站）在种公羊选用的过程中发挥的作用	样本量	占比
非常认同	37	27.41
比较认同	54	40.00
一般	36	26.67
不太认同	5	3.70
很不认同	3	2.22

资料来源：根据调查问卷整理。

对于政府在选优质种公羊中的倡导作用的看法中，非常认同与比较认同的分别占 28.15% 和 38.52%。可以看出，对于政府在选优质种公羊中的倡导作用认可的农户占的比重超出了一半以上，都较认可政府的倡导作用（见表 4-30）。

表 4-30 政府在选优质种公羊中的倡导作用　　单位：户，%

政府（改良站）倡导使用优质种公羊	样本量	占比
非常认同	38	28.15
比较认同	52	38.52
一般	40	29.63
不太认同	2	1.48
很不认同	3	2.22

资料来源：根据调查问卷整理。

对于政府倡导在企业和合作社的带领下养羊的看法的调查中，

非常认同与比较认同的也占大多数，各占 25.18% 和 37.04%。说明政府倡导在企业和合作社的带领下养羊，并得到了农户的认可（见表 4-31）。

表 4-31　政府倡导在企业、合作社的带领下养羊　　　单位：户，%

政府倡导在企业、合作社带领下养羊	样本量	占比
非常认同	34	25.18
比较认同	50	37.04
一般	41	30.37
不太认同	8	5.93
很不认同	2	1.48

资料来源：根据调查问卷整理。

4.6　本章小结

研究发现，受访农户中大多为养殖经验丰富的农户，文化程度集中在初、高中。农户中现养殖最多的品种是本地绵羊，而且多数农户品种结构单一。其中牧区和农区有所不同，牧区以"肉毛兼用"品种为主，常见品种为蒙古羊，而农区以繁殖力强的寒羊、二寒羊或巴美肉羊为主。根据以上分析，得出以下有关选用种公羊依据，获取信息、培训、种公羊购买及使用行为，对种公羊的认知，对政府、合作社与企业带领作用的认知等方面的总结。

4.6.1　农户选用种公羊的依据

关于种公羊选用，农户在选择种公羊时农区和牧区有明显的区别，牧区农户更注重是否适宜自家养殖条件，然后是体型外貌、抗病能力、肉质口感、繁殖能力、羊毛细度、胴体重量、综合育种能力、耐粗饲。而农区农户认为最重要的特性是繁殖能力等条件。

4.6.2 信息获得与技术培训

科学地选用种公羊关系到羔羊质量，乃至整个羊群的数量及质量。而关于选用种公羊的各类专业知识、信息等方面，农户的获取渠道有多种，一种是从行政机构、育种机构等发布的信息获取相关知识，另一种是依靠社会人员之间的交流获得信息，包括身边的亲朋好友与专家。从各个渠道来看，农户选用种公羊的知识多来自与亲朋好友交流，然后是通过政府、改良站的信息发布、多年养殖经验的积累以及社交媒体等。关于种公羊出售及其性能的信息方面，受访者中对于这类信息的获取渠道和种公羊选用一样，更多的是从与亲朋好友交流、互相通知得知，有 61.48% 的农户是通过与亲朋好友交流获取信息。

在农户选用种公羊行为中，政府及育种机构未能极大地发挥引导与带领作用。无论是种公羊的选择、出售信息的获取还是选用种公羊的培训方面，依然需要政府、企业及机构的大力支持与正确引导，让农户做出正确的选择而带来更高的经济效益。

4.6.3 农户的种公羊购买行为

在农户的种公羊购买行为中主要针对购买季节、购买频率、购买渠道、购买价格及购买时的手续和程序等方面进行了分析。通过统计分析得出如下结论：

通过统计发现农户种公羊购入的季节分散，而且农户购入季节也不固定，不会每年都选在一个季节购入种公羊。种公羊养殖管理中应该确保营养价值全面，在配种前 1.5 个月加强营养（唐武龙，2020）。母羊在冬季时很少发情，因此适合在春夏季节配种。从受访农户的购买种公羊的季节来看，秋季为最多。从以上的一般理论来分析，不是很合理的购买行为。

农户的种公羊购买渠道多样，且不会只坚持一种购买渠道，除正规的育种机构外，还有从相熟的农户处购买、串换以及自己培育等选项。比较常见且被多数农户选择的购买渠道是从种羊场和向相熟的农户购买，从种羊场的购买渠道可以分为两类，一类是农户直接联系种羊场购买，另一类是通过政府、改良站等行政部门的协调购买带有补贴的种公羊。

从购买种公羊的价格水平来看，根据问卷统计受访农户正在使用的母畜和种公羊的价格，购入价格是由购入当年的市场价格决定的。受访农户中 7.41% 的农户的母畜是自繁的，1.48% 的农户的母畜购入价格是由购入当年的市场价格决定的。另外，91.1% 的农户的母畜购入价格中最小值为 100.00 元，最大值为 3000.00 元，平均购入价格为 1162.85 元。除一户是按照当年种公羊市场价外，99.26% 的农户正在使用的种公羊购入价格中最小值为 150.00 元，最大值为 20000.00 元，平均购入价格为 2605.37 元。

从购买手续和程序来看，在购买种公羊时有 86.00% 的农户会索要相关证明，例如畜禽检验证明、检疫合格证明和系谱，统计发现农户更多会选择索要检疫合格证明，然后是畜禽检验证明和系谱。在受访农户中，28.89% 的农户在购买过程中是不签订合同的。

在签订合同的农户中，合同内容涉及最多的是价格因素，而种公羊的性能和一般情况占比最少，为 24.44%。从分析中得知，农户购买种公羊最关心的不是种公羊的性能和一般情况，而是价格、交易数量等因素。从而可以反映出在农户购买种公羊时，最主要的影响因素是价格、交易数量等因素。

4.6.4　农户的种公羊使用行为

在农户种公羊使用行为的分析中，主要针对配种方式的选择、种公羊使用情况以及种公羊饲喂和成本等内容进行了调查。通过分析发现，乌拉特中旗本地种公羊数量多，所以农户对人工授精的需求非常少。而且认为本交的产羔率更高、质量更好。农户在对自然配种和人工授精的选择上比较矛盾，大多数的农户认同人工授精的有效性，但在观念上仍旧倾向于自然配种方式，这种选择多是在没有使用过人工授精，对其不了解的基础上做出的选择。原因可能在于：一是全旗种公羊数量较多，而本交的产羔率更高、质量更好，对于人工授精的需求也就不多。二是全旗内有进行过人工授精的牧户，且成功率非常高，效果非常好，但因为步骤繁琐、耗费人力，进行了两年就放弃了。人工授精的效果有目共睹，但不方便的原因导致大多数农户肯定了人工授精但在选择上仍旧以自然配种为主。

种公羊使用时长方面，多数农户的种公羊使用年限是 2 年，这与科学使用时间相符，说明农户对于种公羊非常重视。目前农户判断种公羊性能的主要方式为观察其体型，但有时体型大的种公羊其性能未必是最好的。

为了让种公羊可以更好地发挥其性能，饲喂是极其重要的环节。部分农户补饲种类单一，有一半以上的农户都是"饲料+草"的补饲搭配。补饲量不等，饲料中量最少的为 0.3 两一日，最多的为 2.5 斤。饲草中量最少的为 1.0 斤，最多的为 3.0 斤。饲草的量比饲料的喂养量要多。每天的种公羊饲喂成本不等，除了有 4 户没有对自家每日种公羊饲喂成本进行过仔细核算外，其他农户都有准确或大概的成本。与种羊场场长在交谈中得知种羊场一天的种公羊饲喂量为 1.5 斤，农户饲草料的投入可以说明对于饲喂的重视程度。大多数农户非常认同种公羊的重要性，在购入种公羊后对其饲喂也非常重视。莎琪日等（2020）认为，内蒙古绵羊养殖业中占据成本最多的是饲草料成本，在本次调研中发现，农户对于饲草料的投入非常多，饲喂量多而且饲喂饲草料种类多样，甚至多于种羊场舍饲的种公羊每日补饲量。

俗话说"母羊好，好一窝；公羊好，好一坡"。种公羊管理的优劣直接影响养羊户（场）的经济效益，因此在饲养管理中，应对种公羊做到合理饲养和科学管理。对种公羊的饲养，应采取放牧与补饲相结合的方法，并根据配种期和非配种期给予不同的饲养标准。

4.6.5 农户对绵羊种公羊的认知

对于种公羊饲养，大部分农户都清楚自家适合养殖哪个品种的绵羊种公羊。对于种公羊无法完全发挥性能的原因，63.70%的农户认为是草场的问题，草场生长不好，种公羊无法采食到足够或好的草。42.96%的农户认为是饲喂的原因，饲喂得不够好而使种公羊质量下降。31.11%的农户认为原因在于购入的种公羊与自家母畜不适配。20.74%的农户则认为是配种环节的问题。从以上数据可以看出，占多数的是饲喂、选择及配种等主观因素，因此具有提升种公羊性能的可能性。

4.6.6 农户对政府、合作社与企业带领作用的认识

对于政府在选优质种公羊中的倡导作用认可的农户占的比重超出了一半以上，都较认可政府的倡导作用。政府倡导农户在企业和合作社的带领下养羊，并得到了农户的认可。

通过分析发现乌拉特中旗农户在种公羊选用中存在的一些问题，主要是种公羊选用与养殖缺乏科学性和缺少培训机会。耿宁（2015）、陈晓勇等（2014）认为，农户在生产行为中会被市场价格影响，在受访农户中大部分人认为自己较清楚自家适合养殖哪些品种，但仍旧有小部分农户在品种选择上还是有所选品种不适宜自家生产的情况，例如牧区农户选择养殖适合舍饲的肉用型品种，还有盲目选择多胎性能的品种等，这些主要是因为目前羊肉价格较高，产肉量多可以带来更多收益，但牧区的养殖模式是不适宜养殖肉羊的。在研究中发现只有少数人接受过种公羊选用培训，而许荣、肖海峰（2019）认为，技术对于生产效率有着很大影响，通过受访户受教育结构图可以知道乌拉特中旗农户的受教育程度偏中等，以初、高中学历为主，一半以上的农户认为可以很快地学习并掌握新技术，并且认同新技术和科学养殖对于种公羊有着正向影响，但同样有一半以上的农户没有机会接受培训，说明农户对于培训的意愿较强烈，但没有机会。

5 乌拉特中旗绵羊良种化运行机制分析

从第 3 章的内蒙古、巴彦淖尔市、乌拉特中旗的绵羊良种业发展历程的分析中得知，市级或市级以下地区的良种发展完全依靠于自治区，尤其是 20 世纪 90 年代之前的良种工作，从育种规划到建立场站再到技术人员以及监管人员都由自治区统一进行计划与调派。与早期参与绵羊良种化工作的原工作人员交谈时了解到，当时统一规划下的良种化工作开展要比现在更加顺利、见效更快。因为是统一规划，目的更加明确，有明晰的计划与步骤，在引种和杂交改良时更加有秩序与集中。进而第 4 章的现状问卷调研发现，实行包产到户后绵羊改良与否由农户自行决定，而农户对于良种化重要性的理解程度以及市场价格的导向在很大程度上影响了良种化进程。

目前乌拉特中旗的地方良种繁育体系并未建立，乌拉特中旗作为一个旗县级地区并没有充足的资金和人才，不具备建立地方良种繁育体系的能力，主要依靠巴彦淖尔市在科技上的支撑。良种繁育体系需要含有育种群、繁殖群和商品群，其中育种群的羊只数量最少，然后是繁殖群，羊只数量最多的是商品群。育种群主要性能做纯种（系）选育，经过后裔测定后为繁殖群提供原种或纯育种公羊、种母羊或杂交种母羊。繁殖场进行扩繁，同时将性能测定结果返给育种场，之后为商品场提供种公羊或种母羊。商品场利用种公羊和种母羊生产产品。

从良种繁育体系结构来看，目前乌拉特中旗境内并没有育种场，原先参与巴美肉羊培育工作的王贵印老师认为，从全旗境内的绵羊供种机构现有种公羊养殖类型、担当的职能、育种能力和科研支撑能力可以判断这些供种机构均属于良种繁育体系的繁殖场。通过分析上述两种繁育体系的作用机理发现，良种是育种场一级一级扩散到商品场的（见图5-1），从第4章农户种公羊购买渠道得知，乌拉特中旗的绵羊良种的扩散主要有以下四种模式。

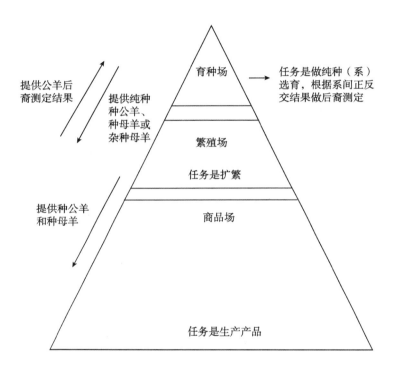

图5-1　良种繁育体系结构

5.1　"种羊场+改良站+农户"模式

受访农户中通过改良站调配向种羊场购买种公羊的农户占比最大，这样的购买方式基本上是在夏季进行，还有少量在秋季，而且可以获取政府补贴。种羊场培育完成后改良站按标准进行挑选，首先体型外貌要符合品种特征，前胸深、背腰平直等，体重达 60 千克或以上，毛的细度要在 64 支以上（属细毛，以下属半细毛）。同时改良站会将种公羊相关信息下发到苏木镇，苏木镇传达给各嘎查，逐级传达下去。调配给各嘎查的种公羊数量有限且每年数量不定，基本以往年数量为依据来决定分配给嘎查的具体种公羊数量，各嘎查村主任对于农户种公羊购买情况比较了解，明白哪些农户是真的需要购入。有购买需求的农户上报给嘎查，提交申请，之后农户到种羊场购买种公羊，需要签订购买合同。交易完成后农户再凭户口本等证件和购买合同到改良站申请种公羊购买补贴，最后补贴款会汇到农户统一账户中（见图 5-2）。种公羊的补贴从 2011 年起实施，补贴对象为符合标准的 1~3 岁种公羊，必须具有系谱和检疫证明等，品种主要是二狼山白绒山羊、巴美肉羊和苏尼特羊。牧区补贴以二狼山白绒山羊和苏尼特羊为主，农区补贴以巴美肉羊为主。补贴时对购买的农户有户籍要求，必须是乌拉特中旗常住人口且从事养殖工作，能繁母畜数量须在 30 只以上，补贴金额为 800 元。

5.1.1 种羊场情况

目前全旗境内共有 6 家绵羊种羊场，其中巴美肉羊种羊场居多且规模较大，共有 5 家巴美肉羊种羊场，1 家苏尼特羊种羊场。苏尼特种羊场全称为乌拉特中旗苏尼特种羊场，位于乌拉特中旗川井苏木，成立于 2011 年，年生产种公羊 120 只左右。其余 5 家巴美肉羊种羊场位于德岭山的乌拉特中旗现代羊业农民专业合作社，种羊场是散户经营，年生产种公羊 650 只左右。位于石哈河的乌拉特

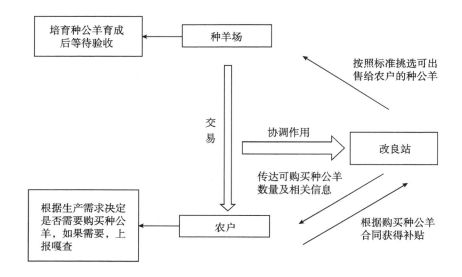

图 5-2 "种羊场+改良站+农户"模式作用机理

资料来源：根据调查问卷整理。

中旗石哈河种羊场是新建的，刚成立不久，年生产种公羊 500 只左右。位于同和太的兴牧源巴美肉羊繁育场年生产种公羊 300 只左右。另外 2 家巴美肉羊种羊场均位于乌加河镇，是全旗境内规模最大的巴美肉羊种羊场，乌拉特中旗大众顺巴美肉羊育种专业合作社和乌拉特中旗祥园巴美肉羊专业育种合作社年生产种公羊均在 1100~1200 只。

大众顺巴美肉羊育种专业合作社成立于 2009 年，其前身以协会形式从 2003 年开始养殖种公羊，当时的主要养殖品种为新疆细毛羊和农科院提供的种公羊。规模逐渐扩大后向政府申请资金建设场区成立了现在的合作社，占地面积 110 亩，建场时政府拨款 1000 多万元，另外每个社员又自付几千元不等。目前养殖品种为巴美肉羊，现有社员 20 多户，社员在加入合作社时不需要其他手续和额外费用，只需要支付套圈费用，一个套圈 200 元，社员可根据自家劳动力情况和意愿决定购买几个套圈。经营方式为分户经营，统一管理，出于卫生状况的考虑以及有利于防疫，社员的羊均需要在场区内养殖。合作社统一管理、统一购买饲草料、统一销售，由社员负责饲喂，这样可以最大限度地保证每个社员的养殖积极性。喂草料是早晚各一次，一次一个小时，不耽误务农，每只羊的饲喂成本在 3~4 元，场区内的主要饲草料为玉米秸秆、番茄皮、葵花饼、油葵、母羊精补料、羔羊料，其中番茄皮和料是从外购入的。每户都有 40~200 亩数量不等的耕地，自家种植一部分饲料后不需要从外购入很多饲草料，社员将自家需要的饲草料种类和数量上报给合作社后由合作社负责统一购买，这样可以降低一点饲养成本。

合作社成立以来为培育种公羊，曾在 2011 年、2014 年、2015 年由自治区、巴彦淖尔市农牧局组织牵头从澳大利亚、新西兰等国分三批购入了南非美利奴、德国美利奴等种公羊与本地羊进行杂交。之后因国外引种困难，农牧局就没有再组织类似引种项目。合作社转而向五原县力农原种场购买，近几年的原种都是从力农公司购入，在一般情况下每次引入原种在 20 只左右，以农牧局牵头的引种在划去自治区和巴彦淖尔市的补贴后还需要支付 8000 元，而从力农公司购入价格在 3000~4000 元。

育种场里的主要繁殖方式为本交，主要模式为两年三产，目前场内双胎率已达 60%~70%。场长认为，人工授精其实是比较有效益的，但可能是季节的原因，之前在春季进行过一次人工授精，保胎率不及 20%，社员看到效果不理想之后就不愿意再尝试。

祥园巴美肉羊专业育种合作社从 1999 年开始申请"北繁南育"

项目养殖肉羊，2003 年成立养殖协会，2006 年改制为养殖公司，这时还没有专业场地，都是在村里养殖肉羊。2009 年申请巴美肉羊项目，建立场区，正式成为合作社，主要养殖巴美肉羊种羊（为防止产下双羔之后出现产奶不够喂羔的情况，养殖一些奶山羊），现已成为巴美种羊繁育基地。现有社员 45 户（每户平均 2 人），每户的养殖量有 60~70 只。与大众顺的运营方式一样，也是分户经营，统一管理。两者是同一性质的种羊场。

在旗畜牧局主导下早期引入德国美利奴、澳大利亚美利奴羊做父本与本地母羊进行杂交，近年来引进南非美利奴，杂交效果很好。一般大概隔三年引入一次，之前已经陆续引入六次，2019 年没有引入。改良工作慢慢开展至今，地方良种基本都有南非美利奴的基因，最直观的表现就是体型变大，种公羊可达 200 多斤。2015 年和 2016 年在牧科院的支持下进行了两次胚胎移植，2015 年是巴美肉羊纯种胚胎移植，2016 年进行的是南非美利奴与巴美肉羊杂交胚胎移植，杂交后的品种体重可达 200 多斤。之后就没有再进行过胚胎移植，主要原因：一是胚胎移植主要是针对扩繁，种羊场没有扩繁需求也就没有必要再进行；二是胚胎移植的科技含量高且费用昂贵，光是利用显微镜观察胚胎就需要花费 1000 元左右。现在主要繁殖方式为本交，以两年三产的模式生产，种羊场的种公羊每 8 个月就得出产，否则没有效益，而且配种时间要非常精确，避开最热和最冷的天气，重视动物福利，才能使效益最大化。产下后和断奶时需要进行两次鉴定，生长到 6 个月后必须鉴定一次来判断是否可以成为种公羊。目前场内成活率在 80% 左右，双胎率超 70%，个别农户的可达 90%。之前也进行过人工授精，但效果不理想，也就没有再尝试。最近开始与牧科院、科技局和河套大学等单位合作进行高效率繁殖巴美肉羊多胎品系选育项目，该项目主要是将可产2~3胎的母畜挑选出来，与具有多胎性能的种公羊组合起来，项目进行到如今产量显而易见地提高，效果非常好。

合作社所在村有7000多亩地，土地资源充足，因此不需要购入很多饲草料。收割自家耕地上的农作物后用机器粉碎（机器需要借）。喂养饲料种类有青贮、玉米、番茄皮、葵花盘头、玉米秸秆、葵花秸秆、小麦秸秆等，足够保障场内的种公羊每天喂养一斤料，此外还会使用精补料。

关于养殖品种，合作社内部还是有些分歧，部分社员看到寒羊多胎率更高就想要养殖一些寒羊，但场长认为，场内的品种一定要统一，而且如果细算，寒羊养殖的经济效益并没有巴美肉羊高。寒羊可产3~4胎，单只售价在600~700元，但没考虑到寒羊的生产寿命短，最多产4胎后母畜会受到很大损伤。而巴美肉羊按正常繁殖来看，一只母畜可产2胎。计算售价，母胎可卖2000元，公羊可卖2600元，按正常产羔率来看平均最少可产1.5胎，而部分还可产3胎，合计收益在60000元以上。

合作社与牧科院的合作比较密切，牧科院的技术员每年要到合作社进行采血、采粪、过初生体重等，避免品种系之间混乱。原先合作社也会记录系谱等，因为牧科院的记录更细致，所以合作社直接采用牧科院的记录。在出售时不能随便售卖，需要有检测报告，采血后由疾病控制中心组织进行化验，具有化验报告的种公羊才能出售。出售的种公羊经过鉴定分为进口羊、特等羊、普通羊等，进口羊是从南非进口利用胚胎移植技术育成的羊，售价5000元。特等羊是由牧科院选出，售价 4000 元。普通羊又细分为两种，一级羊和二级羊，一级羊售价 2600 元，二级羊售价 2400 元，是农户普遍选择购买的种公羊。

调研的两家种羊场在经营方式、饲养品种和生产模式上都是相同的，有自耕地，饲草料的购买投入不多。但在同科研单位的合作上有一些差异，祥园种羊场与科研单位的合作更加密切，与市改良站和牧科院等科研单位合作了较多项目。根据两家种羊场引种方式和育种模式发现，乌拉特中旗两家规模最大的种羊场同时扮演着原种场和繁育场的角色，在技术上则完全依靠市改良站的支持。

虽然有 6 家种羊场，但还是供不应求，尤其对于牧区养殖户来说，巴美肉羊是肉用型绵羊，适合舍饲，不宜跟群，要想做到不掉膘，就需要饲喂更多的饲料。

5.1.2 改良站情况

改良站为了缓解种公羊供不应求的情况，除了种羊场外，对于极少数的育种户培育的种公羊也进行鉴定，然后允许出售。但育种户毕竟是少数且部分育种户并不会每年都育种，因此改良站会牵头从外地购入种公羊出售给农户，多数为锡林郭勒的种羊场。通过以上两个途径购买的农户都可以申请种公羊购买补贴。在种公羊交易过程中改良站一直承担着协调和组织的作用，对于改良站工作的满意度，也对农户进行了询问。统计发现，27.41% 的农户认为改良站在种公羊调配过程中起到了很大的作用，40.00% 的农户认为起到了较大的作用，26.67% 的农户认为一般，3.70% 的农户认为起到的作用不大，2.22% 的农户认为没有起到作用。综合来看，农户对于改良站的协调和组织是较为满意的，如图5-3所示。

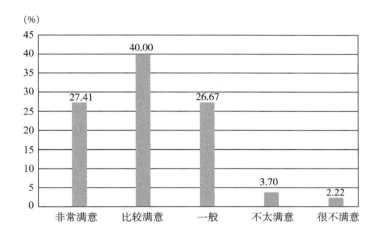

图5-3　对于改良站种公羊调配的满意度

资料来源：根据调查问卷整理。

5.2　"种羊场+农户"模式

"种羊场+农户"模式虽然与第一种模式一样，供种机构都是种羊场，但区别在于没有改良站从中协调、没有补贴，农户直接与种羊场对接进行交易。可以申请补贴的种公羊数量有限，而且目前乌拉特中旗境内的种公羊处于供不应求的状态，农民出于配种需要直接与种羊场联系购买种公羊，还有一部分农民是为了购买更符合自家生产情况的种公羊，直接从种羊场购买。受访农户中66.67%的农户相信种羊场的宣传，农户在选择种羊场时将该种羊场培育种公羊的质量这一因素排在首位，然后关注的是价格、引种来源、种羊场规模和是否提供售后服务等因素，如图 5-4 所示。

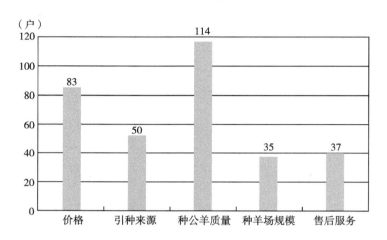

图 5-4　选择种羊场的因素

资料来源：根据调查问卷整理。

5.3 "农户+农户"模式

"农户+农户"模式就是指农户互相买卖或者交换种公羊的方式，可以细分为两种类型：一种类型是向农户购买种公羊，一般都会从相熟的亲朋好友处购买；另一种类型是串换，亲朋好友或者邻居之间互相交换种公羊。

原先串换是一种非常普遍的情况，交换双方对将要交换的种公羊引种来源比较清楚，在此基础上串换种公羊。这种方法节省成本但不科学，虽然农户比较清楚互相交换种公羊的信息，但不能百分百排除潜在风险。近年来，随着农户对于种业的重视，这种串换方式减少了很多，但还是有一小部分农户之间存在串换现象。

相较于串换种公羊，向相熟的农户购买种公羊现如今更为普遍，在本次问卷调研中发现，受访农户中有 50 户将从亲戚朋友家购买种公羊这一渠道作为一般购买渠道，除去这 50 户还有 27 户农户虽然不经常从亲戚朋友家购买种公羊，但有过购买行为。这种购买行为一般是在比较清楚对方农户种公羊相关信息和相互信任的基础上进行交易，向亲朋好友处购买过种公羊的农户中有 83% 的农户是在完全了解亲朋好友处种公羊的引种来源、系谱以及性能后才购买，而 15.58% 的农户在购买时不会主动去了解相关信息。个体户售卖的种公羊一部分是羔羊，购入价格较低。还有一部分是专门为出售而育成的种公羊，有自繁自育种公羊的农户，数量少且不是年年都培育，是极少数存在的。这种方式省成本、省人力，但无法提供系谱等有效证明，无法全面顾及疫病防治方面。

共 77 户中购买羔羊的占 15.58%，购入价格基本在 800~1000元。以 1001~2000 元购入种公羊的农户占 53.25%，以 2001~3000元购入的占 16.89%，以 3001 元以上价格购入的占 14.29%，还有10.39% 的农户购入价格是由当年市场价格决定的。从亲朋好友处购买种公羊的价格集中在 1000~2000 元。

5.4　"育种公司+农户"模式

分析发现只有 4 户农户一般会从育种公司购入种公羊，而除了这 4 户农户之外还有 32 户农户曾经从育种公司购入过种公羊，主要是为了购买性能更好的种公羊，而且育种公司有其他品种可以选择。巴彦淖尔市境内有富川养殖科技有限公司、蒙羊种源公司、五原巴美肉羊公司等育种公司。其中内蒙古富川养殖科技有限公司是富川公司的子公司，位于临河区。2011 年富川公司建设"富川现代肉羊产业循环经济科技师范园区"，2013 年在园区建成市级种羊场，2016 年升级为自治区级种羊场。发展到现在已成为一个以巴美肉羊养殖为主的国家级种羊场，现养殖巴美肉羊 1500 只，是整个巴彦淖尔市境内巴美肉羊养殖数量最多的种羊场。目前公司主要还是以售卖种公羊为主，除巴美肉羊以外还饲养杜泊绵羊、萨福克等品种。由于公司位于临河区，与高校科研单位合作密切。而蒙羊种源公司属乌拉特中旗境内育种公司，同样是以巴美肉羊为主，另外饲养有杜泊绵羊、萨福克和多赛特等品种。在受访的 135 户农户中对育种公司有所了解的非常少，大部分农户认为本地并没有育种公司，还有一部分农户并不了解供种机构还有公司形式。

　　农户向育种公司购买种公羊有两种方式，第一种方式是直接购买，这种方式价格较高。育种公司在出售种公羊时有等级区分且价格不等。第二种方式与上述第一种方式一样，通过改良站来协调购买，补贴后农户自付 1000 元左右，但只有在有项目时才能以该价格购入种公羊。

　　受访农户中向育种公司购买种公羊的价格在 1500~5000 元不等，以 2000 元以下价格购买的农户占 30.56%，以 2001~3000 元购买的农户占 55.56%，按 4000 元以上价格购买的农户占 13.89%。可以看出从育种公司购买种公羊的价格集中在 2001~3000 元，说明这个区间的价格是在供需双方可接受的范围之内。

5.5 良种化运行机制中不同
利益主体的行为目标

良种繁育体系中有多个参与主体，从供种方来说有种羊场、育种公司、农户等，种公羊购买方为农户，改良站在其中扮演协调的角色。在良种扩散中不同的参与主体都有不同的目标，是不同的利益主体。良种在整个绵羊产业中属于生产要素，要素的投入对于产品生产有着正向影响。良种的培育既是一个长期的系统工程，也是一个在市场需求、技术、政策、资金以及资源约束下相关利益主体多个目标行为决策整合的结果。

将图5-5中的利益主体相互作用分为几个小块来看，供种方与科研机构为合作关系。供种方为提高产量、提升种羊性能和技术水平与科研机构合作，而科研机构为转化科研结果、获得科研用数据，改良站、供种方和农户为互相博弈协作关系。

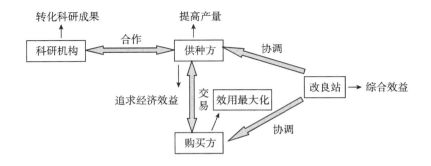

图5-5 利益主体行为目标

资料来源：根据调查问卷整理。

改良站的目的是综合效益最大化，促进产业健康发展、企业进一步发展，实现农户增产增收、还能促进农业的科技进步等。一方面督促供种方生产性能好的种羊提供给农户，同时也要给种羊场提供政策和资金支持来扶持种羊场；另一方面将供种公司育成的良种推广给农户，目标一是将良种推广给农户，让农户增加养殖效益，目标二是通过将良种推广给农户从而来促进整个绵羊产业的良种化进程。

供种机构与农户在交易的过程中，供种机构的目标是实现长期经济效益最大化，而农户则追求效用最大化，希望用最具性价比的价格获得性能佳的种公羊，在交易中农户一般有两个目标，目标一是低价，目标二是性能优良，农户会根据目标的变化来选择种公羊的购买方式和渠道。各方通过不断地变化决策来使良种化运行机制达到平衡。

为进一步分析良种在推广过程中存在的问题，分别对四种良种扩散模式中的利益主体之间的协作和博弈行为进行分析。

5.5.1 "种羊场+改良站+农户"模式中各自的目标

在"种羊场+改良站+农户"模式中三个利益主体有各自的目标，农户希望用合适的价格购入符合自家生产情况的种公羊，在此行为过程中，农户受到价格的约束。在该模式中，低价和性能优良两个目标中将性能优良排在前面（见表4-11和表4-12）。

种羊场在交易中的目标是利益最大化，在品种繁育中受到资金、技术、制度和需求等的限制。改良站则是从综合效益最大化的角度出发，协调交易环节，通过补贴和资金、政策扶持等方法使种羊场获得经济效益的同时农户也以较低的价格获得质量优质的种公羊，目的是促进整个产业的发展。

5.5.2 "农户+农户"模式中各自的目标

双方的交易是在互相信任的基础上，双方的目的依旧是获得经济效益和通过低价购入种公羊，但由于供种的农户技术水平有限，因此出售价格也相对较低，购买农户也会因此放低对种公羊性能的期望值，此时购买农户的目标排序中低价是排在性能优良前的。

5.5.3 "种羊场+农户"模式和"育种公司+农户"模式各自的目标

"种羊场+农户"模式和"育种公司+农户"模式相似，种羊场和育种企业的目标客户与主要客户是规模化养殖场，受资金和技术限制较小，在与农户进行交易时由于农户不是主要目标客户，种公羊性能优良的同时价格也高，而且选择多，这时农户处于被动状态，是否进行交易要根据农户对于种公羊的重视程度来决定。

5.6 本章小结

四种不同良种扩散模式，育种公司和种羊场的种公羊质量较好，同时价格也较高，品质越好价格越高。农户培育种公羊价格低，但因为无法提供相关证明和材料导致没有办法全面顾及疫病防治方面。带有补贴的种公羊是从品质和价格来说都较为合适的，但供应能力不足，无法满足全部需求。

根据四种不同良种扩散模式中利益主体的目标分析，利益主体均有不同的目标，各方在进行决策时会受到来自资金、技术、价格、制度政策和市场需求等方面的限制，供种方的决策行为在资金、需求和技术水平的约束下，农户主要带有两个目的，低价和性能优良，其决策行为取决于两个目标之间的取舍。季珂辛（2017）通过分析发现，"育种企业+农户"模式降低了技术搜寻、确认和实现的成本，而且育种企业的资金雄厚，可以投入更多的资金，技术水平也较高，如果只为追求性能优良的品种，育种企业和种羊场为最佳选择。但同时价格是农户选择育种企业的一大限制因素。如果为了价格低廉，那么"农户+农户"最合适。如果想要在价格和性能之间取得一个平衡，"种羊场+改良站+农户"是最理想的模式。

吕岩（2020）认为，在良种扩散过程中需要建立完善的良种繁育体系，其中各分场担当职能不同，原种场、繁育场和商品场之间要划分清晰，目前中旗的种羊场基本上兼顾了原种场和繁育场的角色，但其育种技术水平并不能达到原种场应有的水平，这对于良种繁育体系的建设没有帮助。

6 结论及建议

6.1 结 论

本书运用历史文献梳理及田野调研等方法对家畜改良站等行政事业机构、公司、合作社和农户等关于绵羊育种繁育的行为、政策和良种化运行机制三个方面进行剖析，发现乌拉特中旗的绵羊良种化运行机制不完善，种公羊供方与中间环节及种畜需求方之间利益主体或其行为上存在一些亟待解决的问题。在多个因素的复合影响下导致良种化进程缓慢甚至出现了退化的现象。本书取得的结论可归纳为如下几个方面：缺乏有效的组织管理及标准、农户用种行为和观念缺乏科学性、信息获取渠道单一、供种结构和供需不平衡、良种扩散模式不稳定、良种繁育体系不健全，服务能力依然较弱。

6.1.1 缺乏有效的组织管理及标准

法约尔的一般管理理论认为，管理有五大要素（计划、组织、指挥、控制、协调），并形成一个完整的管理过程。管理的任务在于建立起一种组织，使其能够用最有效的方式从事其基本活动。良好的组织结构能使产业体系或企业的计划得以很好地制定和执行。

从历史角度来看，乌拉特中旗良种化工作在开展初期进展较为顺利，发展速度较快。当时的良种化运行机制的管理主要为自治区统一规划、统一实施、统一引种和调派专业技术人员，由自治区级负责规划和引导，盟旗级以下地区实施，清晰的规划和有力的技术支撑使初期的良种化工作取得了较多成就。后期良种化工作管理松散，配种由农户自主进行，而农户的生产行为主要受到市场价格因素的影响，缺乏长远计划并且还存在着从众心理的干扰。绵羊良种化进入了杂乱无序的状态。另外，目前对于良种繁育体系建设中制度标准力度小，有些繁育场同时兼顾了原种场和繁育场的工作，繁育场和原种场之间界限模糊，缺乏科学的衔接和较有效的组织管理。

不同品种的羊都有其品种标准，执行标准不严、种羊鉴定管理不到位，是造成种羊生产、市场混乱及种羊品质退化的主要原因。一些以杂交改良为目的引入的优良种羊并未用于纯繁扩群或杂交利用，使劣质的种羊进入市场，导致品种退化严重，陷入了"引种—退化—再引种"的恶性循环。由于利益驱使种羊供不应求，达不到标准者也按照种羊进行销售，导致种羊市场"以次充好"的现象经常发生。种羊鉴定管理不到位。因管理力量薄弱、种羊质量监督管理体系不健全，导致种羊市场混乱，种羊总体质量不高。

6.1.2 农户用种行为和观念缺乏科学性

通过分析农户选用种公羊时发现，都是经验管理方式，缺乏科学性。部分农户在选择种公羊时盲目选择，例如牧区养殖肉用型品种时，选用种公羊时过度重视产量而忽视其质量、品种。此外部分农户过度使用种公羊和母畜。在对种公羊的饲养过程中，一般都按照传统的饲养方式，不分配种期与非配种期都按照同样的饲养方式，饲养及饲草料补给存在不合理、缺乏科学养殖与成本核算等情况。

6.1.3 信息获取渠道单一

根据信息不对称理论，掌握信息较少的一方处于比较不利的地位。因获取信息渠道不同，信息量的多寡而承担不同的风险和收益。

信息对于良种化运行中具有重要的现实意义。将获取的信息合理有效地使用，从而更好地获得经济效益。

从农户行为分析中可以看出，农户的信息获取来源主要还是依靠亲朋好友间的交流，这种信息传递方式难免会在传递过程中出现遗漏。农户在获取信息方面缺乏正规渠道，大部分育种方面信息（例如科学配种方法、改良站推荐养殖品种等）在改良站官方网站中才能看到，而农户的年龄偏老龄化，对网络消息不敏感会错过很多有用的信息。信息获取渠道越单一，越不利于提高经济效益。

6.1.4 供种结构和供需不平衡

推动牛羊肉产业结构性改革，积极发展生态畜牧业，扩大绿色牛羊肉生产基地规模，增加绿色优质牛羊肉的供给，促进牛羊肉产业走上绿色、高质量发展的新路子。如今，种公羊供不应求，直接影响优质羊肉的供给，不利于结构性改革的顺利进行。

农区农户多选择肉用型种公羊，牧区农户在选择种公羊时更看重是否可以适应当地气候条件和环境，肉用型种公羊并不适合牧区，但全旗供种机构中主要以供应肉用型种公羊为主，仅有的一家苏尼特种羊场的供种能力不足。种公羊供应和需求之间不平衡，虽然全旗种公羊数量较多，但农户的配种方式还是以自然配种为主，目前全旗的供种数量还是不能满足农户对于种公羊的需求。

6.1.5 良种扩散模式不稳定

良种扩散模式的稳定与否对于绵羊产业链的可持续发展具有非常重要的现实意义。乌拉特中旗的几种扩散模式中，只有"种羊场+改良站+农户"模式较为稳定，改良站的介入促使种羊场更加高要求地生产种公羊，通过发放补贴让农户减少对于价格的顾虑，但此种模式的种公羊供给数量较少。育种公司和种羊场的主要客户还是以规模养殖场为主，农户对于高价的种公羊还是无法接受，直接与育种公司和种羊场对接购买种公羊不能成为农户购买种公羊的一般渠道。另外，对于部分农户来说没有育种公司的概念，育种公司的知名度不够。良种扩散模式的不稳定，不利于各利益主体的行为目标的实现，甚至会影响农户的生产效率。

6.1.6 良种繁育体系不健全，服务能力依然较弱

良种繁育体系是推广和普及良种的重要载体，在提高肉羊良种化率过程中起着十分重要的作用。但是，从总体来看，种羊良种繁育体系缺乏活力也不健全。一方面，肉羊良种繁育结构体系不合理。目前我国并未形成由原种场、扩繁场和商品场组成的完整的良种繁育结构。多数原种场规模偏小，基础设施简陋，育种技术水平低，选种和繁育手段落后，有些地区甚至不设商品场，而是原种场与扩繁场同时供应种羊。导致种羊生产、管理及推广部门信息不对

称、服务能力较弱、服务效率低下。另一方面，基础设施薄弱，育种技术普及困难。内蒙古自治区一直是我国羊肉供给的主体，受访地区的种羊场、人工授精站等由于缺乏资金扶持，技术设施简陋，基层技术服务推广单位条件差，技术人员服务不到位。

目前，乌拉特中旗的地方良种繁育体系并未建立，作为一个旗县级地区并没有充足的资金和人才，不具备建立地方良种繁育体系的能力，主要依靠巴彦淖尔市在科技上的支撑。良种繁育体系需要含有育种群、繁殖群和商品群。从良种繁育体系结构来看，乌拉特中旗境内并没有育种场，原先参与巴美肉羊培育工作的王贵印老师认为，从全旗的绵羊供种机构现有种公羊养殖类型、担当的职能、育种能力和科研支撑能力可以判断这些供种机构均属于良种繁育体系的繁殖场。

6.2 建议

6.2.1 加强组织管理

法约尔的管理理论认为，管理具有五种要素（见图 6-1），实际上就是管理的五种职能，并形成一个完整的管理过程。计划是法约尔着重强调的一个要素。一个良好的计划应该具有统一性、连续性、灵活性、精确性四个特点。法约尔还认识到了制订长期计划的重要性。

图 6-1   管理的五大要素

资料来源：文献资料。

旗县地区不具备足够的人力、财力，无法制定良种化规划，应该由上级单位因地制宜地对该地区的良种化制定合理规划并监督下级地区开展生产性能测定、良种登记、良种推广等工作。加强杂交改良指导、种羊质量监督和各层级间协作力度。

加大力度扶持原种场和繁育场发展，原种场和繁育场之间应该有严明的分界线，不能混为一体。加大对原种场和繁育场的资金以及政策支持。开展联合育种，旗县境内没有条件建立产学研合作机制，联合育种可以使各个种羊场之间协同开展良种化工作。使管理的五大要素具备并发挥应有的作用。

这样完整的组织管理体系才能有利于提高种子的质量，从而实现良好的良种化运行机理。

6.2.2 定期开展培训，增加培训机会

通过改善基层工作环境来吸引专业人才主动下到基层，与农户交流经验，指导科学用种和科学选种。定期开展培训，加强农户与

技术人员之间的互动，可以设置座谈会，在会议上让农户与技术人员交流。通过各种教育与培训提高各参与主题的技术及业务熟练程度。只有农户的生产技术提高了，供种机构的技术水平提高了，才有利于提高整个绵羊产业链的整体水平，从而有利于建立科学合理的良种化运行机制。

6.2.3　拓宽信息获取渠道

信息是整个运行过程中链接各利益主体的行为决策的重要因素。农户由于获取信息渠道单一而获得的信息量较少，影响其决策行为和行为选择，甚至会带来更多的风险或问题而导致生产效率的下降。

可以充分利用网络平台来为农户提供服务，尤其是微信，当前农牧区微信使用人数众多，可以建立公众号将种公羊选用相关信息推送给农户。另外，从分析得出，农户都比较认可政府、合作社的倡导作用。因此，可以加强政府部门和合作社的服务功能及服务效率。多给农户宣传、推广有关种公羊选用的信息及渠道。

6.2.4　增强供种能力和发展供种机构多样化，加大补贴力度

新品种的选育与培育是一个长期且复杂的过程，需要投入大量的育种科研经费做支撑。我国肉羊良种繁育体系建设尚处于初级阶段，仍需要进一步加大资金投入。从资金来源方面讲，鼓励肉羊良种经营企业或种羊场积极参与良种的开发利用，自主培育与繁育肉羊良种，以龙头企业带动与市场开发、品种培育与生产应用相结合

的方式，加快育种进程，形成市场化、多元化的资金投入机制，进一步拓宽投融资渠道。行政部门通过资金扶持来使种羊场扩大规模，增加供种数量，鼓励使用人工授精缓解需求不平衡的情况。让供种机构多样化，让牧区养殖户可以选择适合牧区养殖的种公羊。但牧区目前仍旧以养殖本地品种为主，乌拉特中旗的蒙古羊经过多年的环境气候的适应，是最适合当地的品种。不可一味地鼓励牧区养殖户使用其他品种，通过建立本地品种种羊场来保护并且进一步培育当地蒙古羊。

从良种推广方面来看，加大种羊的补贴力度，尤其是补贴覆盖品种，增加良种补贴的省、区、县覆盖面。农户的良种化意识本就不高，通过加大良种补贴来鼓励农户购买优质种公羊，促进良种化进程。

此外，还要加大资金投入加速人工授精、胚胎移植等技术的普及进程，重点加强种羊场、改良站的机构建设，从而稳定精液、胚胎生产，提高我国肉羊良种的供种能力。

6.2.5 加强协调各利益主体协作

育种公司和种羊场的主要客户为规模化的养殖场，两者的价格限制了农户的购买行为，通过协会或者合作社等中介机构稳定连接农户与育种公司、种羊场。这样既可以让农户购买到性价比高的种公羊，还可以缓解供种能力不足的问题。

行业协会要把握行业发展规律，发挥在政府、企业、农牧民和消费者之间的桥梁纽带作用，推动羊肉产业持续健康发展。一是在引导农牧民方面，实施农牧民培训计划，大力普及饲养繁殖技术，推进肉羊遗传改良计划，加强良种繁育工作，加快羊养殖转型。二是在引导企业方面，定期召开经验交流会和展览会等，发挥好会员之家的作用，及时传递行业动态和政策信息，倾听行业呼声，积极为行业发展排忧解难。三是在联系政府方面，认真研究行业形势，为羊肉产业绿色高质量发展提出建设性的、有针对性的政策建议，参加行业标准制定，做好养殖、加工企业生产信息监测，协助政府部门开展工作，加强行业自律，发挥政府的参谋助手作用。

6.2.6 加强良种繁育体系建设

加强肉羊良种繁育体系建设，一方面要注重地方品种资源的改良、选育、扩繁与推广工作，逐步形成以原种场为核心，扩繁场、改良站和检测中心为技术支撑，以商品场为主体的三级肉羊良种繁育结构体系，不仅要注重原种场、扩繁场、商品场等数量的优化，更要注重发展肉羊良种"育、繁、推"一体化经营；另一方面要进一步提高我国肉羊育种的科技水平，鼓励大型育种企业和科研院校合作，对优良品种资源的遗传特性和开发利用展开深入研究，不断提高我国肉羊育种的科技含量，实现肉羊"自主育种为主，引种为辅"的现实路径。

参考文献

［1］张冀汉．中国羊业现状、发展对策［A］// 中国畜牧业协会．中国羊业高峰会暨中国畜牧业协会羊业分会成立大会会刊［C］．中国畜牧业协会，2003.

［2］赵楠．院士纵论中国养殖业战略转型——"中国养殖业可持续发展战略高层论坛"纪实［J］．中国畜牧杂志，2012，48（12）.

［3］李滋睿．我国畜牧科技关键技术与重点领域预测研究［D］．北京：中国农业科学院，2005.

［4］荣威恒．中国肉羊种业发展研究［J］．中国草食动物科学，2014（S1）.

［5］李群．中国近代畜牧业发展研究［D］．南京：南京农业大学，2003.

［6］韩冬，张凯，丁月华．繁育改良——畜牧业可持续发展的动力［J］．黑龙江畜牧兽医，2009（12）.

［7］朱贵，王新奇，仲玉灵，韩晨光，王晓霞．关于加快龙江县牧业发展的思考［J］．黑龙江畜牧兽医，2001（02）.

［8］张贺春，卢继华，于波，李淑秋．关于我国工业化养羊的

几点思考［A］//第十六届（2019）中国羊业发展大会暨庆阳农耕文化节论文集［C］．中国畜牧业协会，2019.

［9］贾志海，郭宝林．培育肉用新品种促进肉羊产业化［J］．中国畜牧杂志，2003（05）．

［10］刘晶玉，赵丁丁．提高养羊经济效益的几项技术措施［J］．现代畜牧科技，2019（01）．

［11］郭丽楠，田志宏．中国羊毛生产成本收益分析及发展趋势［J］．农业展望，2013，9（01）．

［12］马成山．做好绵羊改良文章加快现代牧业发展［N］．祁连山报，2007-02-08.

［13］景照明，寇永谋，马玉鑫，李绚，邵建文．优质种公羊改良当地寒蒙羊效果［J］．中国兽医杂志，2017，36（06）．

［14］王洪煜，宋晓丽，张复宏等．中国与澳大利亚绵羊养殖成本收益与生产效率比较——主要基于2014、2015年的数据［J］．湖南农业大学学报（社会科学版），2017，18（04）．

［15］浦亚斌，马月辉，冯维祺，吴凯峰，王端云，傅宝玲．当前我国肉羊产业发展中的问题及对策［J］．中国草食动物，2003（S1）．

［16］赵永聚．国内外养羊业发展特点与趋势［J］．畜牧市场，2004（08）．

［17］卢全晟，张晓莉．美英澳新四国肉羊产业发展经验与启示［J］．黑龙江畜牧兽医，2018（06）．

［18］赵倩君，马月辉．我国绵羊资源现状及保护［A］//2013中国羊业进展［C］．中国畜牧业协会，2013.

［19］马友记．我国绵、山羊育种工作的回顾与思考［J］．畜牧兽医杂志，2013，32（05）．

［20］赵德良．新疆绵羊品种资源保护与合理利用［J］．中国畜牧业，2014（10）．

［21］方治华．畜牧业品种改良现状与发展刍议［J］．当代畜牧，2016（05）．

［22］王先译．畜牧业品种改良现状与发展存在的问题思考［J］．中国新技术新产品，2016（02）．

［23］乌英才其克．关于畜牧业品种改良现状与发展存在的问题思考［J］．中国动物保健，2017，19（10）．

［24］海龙．黑龙江省肉羊种质资源发展现状与对策［J］．黑龙江动物繁殖，2019，27（06）．

［25］陈晓勇，敦伟涛．我国肉羊种业现状及发展建议［J］．现代畜牧兽医，2014（03）．

［26］龚章，胡开良，吕慎金．现代动物遗传育种技术与羊福利［A］//第十四届（2017）中国羊业发展大会论文集［C］．中国畜牧业协会，2017．

［27］张云生，杨果，祁成年，杨会国，周平．新疆绵羊多胎经济杂交技术应用与推广要点［A］//第十四届（2017）中国羊业发展大会论文集［C］．中国畜牧业协会，2017．

［28］许荣，肖海峰．技术采用对畜牧业生产技术效率的影响效应分析——基于4省细毛羊养殖户的实证分析［J］．中国农业大学学报，2019，24（05）．

［29］段心明．中国肉羊产业发展现状、趋势与对策浅析

［A］// 第十六届（2019）中国羊业发展大会暨庆阳农耕文化节论文集［C］. 中国畜牧业协会，2019.

［30］高腾云，宋洛文. 肉羊品种的培育与杂交利用［J］. 家畜生态学报，2005（01）.

［31］郭立宏，丁昕颖，周景明. 现代育种技术在中国肉羊育种中的应用［J］. 黑龙江畜牧兽医，2012（05）.

［32］王晓樱，魏月蘅. 农业创新呼唤种业崛起［J］. 农村工作通讯，2012（04）.

［33］刘改利. 种业发展运行机制建设初探［J］. 粮食问题研究，2016（01）.

［34］韩丽敏，李军，潘丽莎. 养羊场（户）育种技术采纳意愿情况调查分析——基于 13 省（区）477 家养羊场（户）的问卷调查［J］. 山东农业大学学报（社会科学版），2018，20（03）.

［35］韩秀珍. 我国肉羊业发展现状及对策［J］. 中国草食动物科学，2013，33（04）.

［36］耿宁，李秉龙，王士权. 我国肉羊种业发展的运行机理研究［J］. 农业现代化研究，2014，35（06）.

［37］耿宁. 基于质量与效益提升的肉羊产业标准化研究［D］. 北京：中国农业大学，2015.

［38］刘芳，龙华平，高然，何忠伟. 我国畜禽良种繁育体系建设与发展研究［J］. 中国畜牧杂志，2012，48（12）.

［39］张勇. 牧区肉羊高效生态养殖模式研究与探讨［J］. 当代畜牧，2018（06）.

［40］耿宁，李秉龙，乔娟. 我国畜禽种业发展运行机理、现

实约束与路径选择［J］．科技管理研究，2015，35（13）．

［41］李延山．韩国　加拿大畜牧业行政管制与政策补贴概述［J］．中国畜牧兽医文摘，2006（06）．

［42］耿仲钟，肖海峰．中国—新西兰自由贸易区建立前后两国羊毛贸易特征的比较研究［J］．世界农业，2017（02）．

［43］李金亚．中国草原肉羊产业可持续发展政策研究［D］．北京：中国农业大学，2014.

［44］赵印，杜立新，刘强德．2017年中国羊产业发展报告与发展预测［C］．中国畜牧业协会，2018.

［45］王云锋．羊的繁殖配种技术［J］．黑龙江动物繁殖，2017，25（06）．

［46］李冉．国外畜禽良种繁育发展及经验借鉴［J］．世界农业，2014（03）．

［47］唐武龙．羊饲养和繁育技术要点［J］．畜牧兽医科学，2020（23）．

［48］李秉龙．提升肉羊产业效益和质量的运行机制优化分析［A］//第十五届（2018）中国羊业发展大会论文集［C］．中国畜牧业协会，2018.

［49］苏红梅，刘俊华．内蒙古牛羊肉产业绿色高质量发展路径探析［J］．内蒙古社会科学，2020，41（05）．

［50］耿宁，李秉龙．我国肉羊良种培育与推广现状、问题与对策分析［J］．中国草食动物科学，2014（S1）．

［51］季柯辛．中国生猪良种繁育体系组织模式研究［D］．北京：中国农业大学，2017.

［52］司智陟．中国羊肉未来10年供需形势展望［A］//第十六届（2019）中国羊业发展大会暨庆阳农耕文化节论文集［C］．中国畜牧业协会，2019．

［53］徐佳，肖海峰．中国与澳大利亚羊毛生产成本收益比较分析［J］．世界农业，2018（10）．

［54］李倩，邵勇维克，冯天雨等．我国肉用绵羊不同杂交组合效果研究进展［J］．黑龙江畜牧兽医，2019（19）．

［55］苏磊，萨仁高娃，张晓东，刘高平，高景鹏．全面推进畜牧业高质量发展的探析［J］．中国畜牧业，2021（17）．

［56］陈晓勇，敦伟涛．我国肉羊种业现状及发展建议［J］．现代畜牧兽医，2014（03）．

［57］秦璇．关于肉羊经济杂交的经济效益分析［J］．现代畜牧科技，2016（11）．

［58］贾志海，郭宝林．培育肉用新品种促进肉羊产业化［J］．中国畜牧杂志，2003（05）．

［59］蒋英．国外绵羊业发展趋势［J］．世界农业，1986（04）．

［60］王会东．畜牧产业组织模式选择与创新［J］．中国畜牧兽医文摘，2010，26（03）．

［61］王晶，肖海峰．中国细毛羊规模养殖场经济效益及其影响因素分析［J］．农业展望，2016，12（11）．

［62］丁丽娜，肖海峰．中国肉羊生产技术效率测算与分析——以河南、山东、黑龙江、陕西和新疆为例［J］．安徽农业科学，2014，42（31）．

［63］内蒙古自治区畜牧厅修志编史委员会．内蒙古畜牧业大事记［M］．呼和浩特：内蒙古人民出版社，1997.

［64］朱延生．呼伦贝尔盟畜牧业志［M］．呼伦贝尔：内蒙古文化出版社，1992.

［65］《锡林郭勒盟志》编纂委员会．锡林郭勒盟志［M］．呼和浩特：内蒙古人民出版社，1996.

［66］内蒙古自治区统计局．内蒙古统计年鉴［M］．北京：中国统计出版社，2020.

［67］吕岩．肉羊品种改良技术及推广应用［J］．畜牧兽医科学（电子版），2020（04）.

［68］莎琪日，乌云，根锁，宝音都仍．绵羊产业成本收益区域比较研究［J］．中国畜牧杂志，2020，56（01）.

［69］N. McHugh，T. Pabiou，E. Wall，K. McDermott，D. P. Berry. Considerable Potential Exists to Improve Lambing Performance Traits in Sheep through Breeding［J］. Livestock Science，2020（02）.

［70］Yong Sebastian Nyam，Nicolette Matthews，Yonas. Improving Livelihoods of Smallholder Farmers through Region Specific Strategies：A Case Study of South African Sheep Production［J］. Tesfamariam Bahta，2020，59（01）.

［71］Jan，Knapik，Katarzyna Ropka－Molik，Marek Pieszka. Genetic and Nutritional Factors Determining the Production and Quality of Sheep Meat － A Review［J］. Annals of Animal Science，2017，17（01）.

［72］Parker C F, Pope A L. The U. S. Sheep Industry：Changes and Challenges ［J］. Journal of Animal Science, 1983（02）.

［73］F. Anderson, D. W. Pethick, G. E. Gardner. The Impact of Genetics on Retail Meat Value in Australian Lamb ［J］. Meat Science Volume, 2016（02）.

［74］Muhammad, Andrew, Jones, Keithly G, Hamn, William F. The Impact of Domestic and Import Pricesoa U. S. Lamb Imports：A Producton System Approach ［J］. Canada Agroforestry Systems, 2007（53）.

后　记

　　习近平总书记在参加内蒙古代表团审议时重点强调，内蒙古经济正面临重要的关口，要转变经济发展方式、优化经济结构、有效提升经济发展动力，构建和完善适合高质量发展的现代化经济体系。我们要按照习近平总书记指明的方向推动高质量发展，以现代产业体系为核心和内容。一方面优化资源配置，另一方面培育优质增量供给，实现供需动态平衡。内蒙古作为祖国北方重要的生态安全屏障，必须坚定不移地走生态优先、绿色发展之路。目前，内蒙古已经发展成为国家重要的牛羊肉生产基地，作为支柱产业的羊肉产业目前还存在大而不强、资源分散；标准化生产程度较低、缺乏有效的组织管理；农户用种行为和观念缺乏科学性；信息获取渠道单一；供种结构和供需不平衡；良种扩散模式不稳定；经济组织较少，绿色高质量发展所需要的政策性支持和保障不足；市场不规范、高质量绿色牛羊肉产品产量较低等一系列问题。能够真正充当市场主体的龙头企业数量不多、规模不大、带动力不强等问题，制约了牛羊肉产业的绿色高质量发展。

　　内蒙古的高质量发展也引起了学术界的关注，有好多探索高质量发展路径的研究，并有了一定的成果。现有绵羊方面的研究比较全面，研究对象涵盖了畜产品（肉和绵羊毛）、饲料、种公羊、种羊场、绵羊改良、杂交改良、成本收益以及整个绵羊产业。目前国内学者对于以良种繁育为主的研究主要倾向于农业方面，以农作物、蔬菜为研究对象的文献居多，还有林业方面也不少。而针对畜禽业良种繁育体系的研究中，动物繁育的相关研究比起作物育种相对较少。

良种繁育作为绵羊生产链中的第一环节，从经济效益方面来看，对于绵羊性能提升以及生产率提高有着重要意义，从产品升级、生产绿色产品方面来看，对于生产高品质的产品有着促进作用。从产业组织模式的角度分析良种繁育体系的组织，分析政府部门（改良站）、种羊场、合作社、育种企业以及客户（农民）等利益主体在良种繁育组织中的行为，这在现有研究中并不多见，可以丰富有关产业组织理论的研究内容。

首先要非常感谢我的恩师——内蒙古农业大学根锁教授在本书选题、收集资料、调研、撰写过程中给予的悉心指导与热心帮助。

衷心感谢在本次调研、收集资料、问卷调查之际给予热心帮助、提供资料与配合调研工作的乌拉特中旗农牧业局代钦副局长、改良站孙雪峰站长、阿拉木斯老师和王贵印老师的帮助，以及大众顺种羊场和祥园种羊场场长的耐心解答。还有临河农业局李虎山老师、磴口农牧业局满达局长、富川育种公司的王贵老师和工作人员的帮助。还要感谢巴彦淖尔市以及乌拉特中旗有关单位的领导和同志。特别感谢给予大力支持和关心的内蒙古农业大学根锁教授、莎琪日同学，以及积极参与调研的内蒙古财经大学的各位专家学者。

出于诸多原因，书中难免有不当或错误之处，敬请广大读者批评和指正。